Ralf Martens-Menzel

Physikalische Chemie in der Analytik

Herausgegeben von
Prof. Dr. Erwin Müller-Erlwein, Technische Fachhochschule Berlin
Prof. Dr. Wolfram Trowitzsch-Kienast, Technische Fachhochschule Berlin
Prof. Dr. Hartmut Widdecke, Fachhochschule Braunschweig/Wolfenbüttel

Die Reihe Chemie in der Praxis richtet sich an Studierende in praxisorientierten Studiengängen besonders an Fachhochschulen, aber auch im universitären Bereich. Ihnen sollen Begleittexte angeboten werden für solche Studienrichtungen, in denen die Kenntnis von und der Umgang mit chemischen Produkten, Denk- und Verfahrensweisen einen wichtigen Bestandteil bilden.

Darüber hinaus wendet sich die Reihe aber auch an Ingenieure und andere Fachkräfte, denen in ihrem Berufsbild immer wieder „chemische" Frage- und Aufgabenstellungen unterschiedlichster Art begegnen. Ihnen bietet die Reihe Gelegenheit, fundamentales Chemie-Wissen sowohl aufzufrischen als auch neue und erweiterte Anwendungsmöglichkeiten kennen zu lernen.

Zielsetzung der Herausgeber bei der Zusammenstellung der einzelnen Titel ist, eine solide und angemessene Vermittlung von Basiswissen mit einem Höchstmaß an Aktualität in der Praxis zu verknüpfen. Hierzu wird bewusst auf eine umfangreiche Darstellung der theoretischen Grundlagen verzichtet, um statt dessen die für die Praxis relevanten Aspekte in einer verständlichen Weise darzulegen.

Ralf Martens-Menzel

Physikalische Chemie in der Analytik

Eine Einführung in die Grundlagen mit Anwendungsbeispielen

2., aktualisierte Auflage

STUDIUM

VIEWEG+
TEUBNER

Bibliografische Information der Deutschen Nationalbibliothek
Die Deutsche Nationalbibliothek verzeichnet diese Publikation in der
Deutschen Nationalbibliografie; detaillierte bibliografische Daten sind im Internet über
<http://dnb.d-nb.de> abrufbar.

Prof. Dr. Ralf Martens-Menzel
1959 in Berlin geboren. An der Technischen Universität Berlin seit 1977 Chemiestudium, 1982 Diplom-Chemiker, 1988 Promotion zum Dr. rer. nat. über die Spurenanalytik in Reinstkupfer bei Prof. Dr.-Ing. Gerhard Schulze. Nach zwei Jahren Industrietätigkeit Oberingenieur an der Technischen Universität Berlin im Fachgebiet Wasserreinhaltung von 1991 bis 1997. Seitdem freiberuflicher Chemiker in Forschung und Lehre. Seit 1991 nebenberuflicher Lehrbeauftragter, seit 2000 Gastprofessor, seit 2009 Professor für Anorganische und Analytische Chemie an der Beuth-Hochschule für Technik Berlin (ehemals Technische Fachhochschule Berlin).

1. Auflage 2003
2., aktualisierte Auflage 2011

Alle Rechte vorbehalten
© Vieweg+Teubner Verlag | Springer Fachmedien Wiesbaden GmbH 2011

Lektorat: Ulrich Sandten | Kerstin Hoffmann

Vieweg+Teubner Verlag ist eine Marke von Springer Fachmedien.
Springer Fachmedien ist Teil der Fachverlagsgruppe Springer Science+Business Media.
www.viewegteubner.de

Umschlaggestaltung: KünkelLopka Medienentwicklung, Heidelberg
Gedruckt auf säurefreiem und chlorfrei gebleichtem Papier.
Printed in Germany

ISBN 978-3-8348-1404-3

Vorwort zur 2. Auflage

Das vorliegende Buch richtet sich als Ergänzung zur Standardliteratur primär an Fachhochschüler chemisch ausgerichteter Studiengänge sowie an Chemiestudenten wissenschaftlicher Hochschulen. Es soll jedoch auch den mit chemischen Untersuchungen befassten Fachkräften als Unterstützung dienen, wenn diese mit physikalisch-chemischen Fragestellungen konfrontiert sind. Zur Lektüre dieses Buches sind Grundkenntnisse auf folgenden Gebieten von großem Vorteil: chemische Grundgesetze, Stöchiometrie, Gehaltsgrößen, Maßanalyse.

Es ist hier weder eine umfassende Behandlung der Physikalischen Chemie noch der Analytischen Chemie beabsichtigt gewesen. Vielmehr werden die Themen behandelt, die den Grenzbereich zwischen Analytischer und Physikalischer Chemie ausmachen. Es soll eine einfache und leicht verständliche Einführung sein, die nicht nur bei der Vorbereitung auf eine Lehrveranstaltung oder Prüfung dienlich ist, sondern auch dann, wenn bei Vorliegen konkreter im analytisch-chemischen Bereich auftretender Probleme Lösungen gesucht werden.

Im ersten Teil bis Kapitel 3 werden die zum Verständnis und zur Beurteilung analytisch-chemischer Verfahrensweisen notwendigen Grundlagen der Reaktionskinetik und der Thermodynamik ausführlich dargestellt. Die Gliederung erfolgt hierbei nach den verschiedenen Reaktions- und Verteilungsphänomenen. Es werden jeweils einige Anwendungen beschrieben und passende Beispiele mit Rechenaufgaben vorgestellt. Bei diesen Rechenübungen wird mit Näherungen umgegangen, die jedoch eine ausreichend präzise Kalkulation ermöglichen; unnötig komplizierte Rechenwege werden nicht behandelt.

Ab Kapitel 4 folgt ein Teil über elektroanalytische und physikalisch-chemische Analysenmethoden, jeweils mit Benennung der für die Praxis wichtigen Anwendungsmöglichkeiten. Die hier erwähnten Analysenmethoden beruhen auf thermodynamischen Gleichgewichten oder kinetischen Effekten und werden somit als physikalisch-chemisch angesehen. Die Besonderheiten der Methoden werden ebenso erklärt wie die jeweiligen methodisch bedingten Vor- und Nachteile, die sich in deren Anwendung ergeben. Informationen zu den für die einzelnen Methoden erhältlichen Analysengeräten sind hier nicht angegeben, können aber beispielsweise in der aktuellsten Form aus dem Internet erhalten werden.

Es folgt in Kapitel 6 eine Sammlung einiger thermodynamischer Größen für Reaktionen in wässriger Lösung: Löslichkeitsprodukte, Komplexbildungskonstanten, Säureexponenten sowie Standardpotentiale. Für thermodynamische Standardgrößen wie Enthalpie- und Entropiewerte wird auf die einschlägigen Tabellenwerke verwiesen.

In diesem Buch werden physikalisch-chemische Gesetzmäßigkeiten häufig mit erklärenden Worten mathematisch hergeleitet und in zahlreichen Fällen mit Hilfe von Diagrammen veranschaulicht. Hierbei sind doppelt-logarithmische Hägg-Diagramme, Redoxdiagramme, Voltamperogramme (Voltammogramme) sowie Titrationskurven als Beispiele zu nennen.

Allen, die mir in der Zeit der Entstehung dieses Buches geholfen haben, danke ich sehr. Herrn Prof. Dr.-Ing. Erwin Müller-Erlwein danke ich für die wertvollen Anregungen. Dem Verlag danke ich für das gute Zusammenwirken.

An dieser Stelle spreche ich auch meinen Dank aus für die zahlreichen Zuschriften und die damit verbundenen Anregungen.

Inhaltsverzeichnis

1   Zielsetzungen von Physikalischer und Analytischer Chemie

Die *Physikalische Chemie* nimmt, wie der Name schon nahelegt, eine Zwischenstellung zwischen Chemie und Physik ein. Der Begriff wurde erstmals von Lomonossow verwendet, als er 1752 seinen „Lehrgang der Physikalischen Chemie" veröffentlichte. Sie entwickelte sich in der zweiten Hälfte des 19. Jahrhunderts zum selbständigen Wissenschaftsgebiet. Dies war insoweit zeitgemäß, als die Erkenntnisse der Physikalische Chemie wichtige Informationen für die Chemische Reaktionstechnik darstellen, die während der industriellen Revolution an Bedeutung gewann. Als wichtige Vertreter der Physikalischen Chemie gelten Faraday, Mendelejew, Ostwald, Van't Hoff, Arrhenius und Nernst.

Im Folgenden seien die wesentlichen Fragestellungen erwähnt, mit denen sich die Physikalische Chemie befasst. Zum einen ist es die allgemeine Beschreibung von Stoffeigenschaften, wie Schmelzpunkt, Siedepunkt, Dampfdruck oder Wärmekapazität, zum anderen die Charakterisierung von Zustandsänderungen; das können sowohl chemische Reaktionen sein als auch lediglich Änderungen des Aggregatzustands. Auch die Betrachtung des zeitlichen Ablaufs von Prozessen ist Untersuchungsgegenstand der Physikalischen Chemie.

Die Bedeutung dieses Wissenschaftsgebietes liegt unter anderem darin, dass eine optimale Gestaltung chemischer Prozesse, sowohl im Labor- als auch im großtechnischen Maßstab, nur bei Kenntnis physikalisch-chemischer Grundlagen möglich ist.

Nachdem nun die Aufgaben der Physikalischen Chemie kurz dargestellt worden sind, bleibt nun noch die Frage zu beantworten, was dieses Fachgebiet der Chemie mit Physik zu tun hat. Die Physik befasst sich im Wesentlichen mit Energieumwandlungen, die Chemie dagegen behandelt Stoffumwandlungen. Nun sind aber Stoffumwandlungen stets mit Energieumwandlungen verbunden und folgen somit physikalischen Gesetzmäßigkeiten. Außerdem werden die stofflichen Eigenschaften der Materie gemäß der Atomtheorie durch den Aufbau ihrer kleinsten Partikel bestimmt. Diese Partikel unterliegen jedoch den Gesetzen der Physik, z. B. der Mechanik und der Elektrizitätslehre.

Die wesentlichen Gesetzmäßigkeiten chemischer Reaktionen und anderer energetischer Umwandlungen lassen sich in folgenden Teilgebieten der Physikalischen Chemie zusammenfassen:

- Lehre von der Geschwindigkeit chemischer Vorgänge – Reaktionskinetik
- Lehre vom chemischen Gleichgewicht – Thermodynamik

Als physikalische Grundlage der Reaktionskinetik dient das Energieverteilungsgesetz von Boltzmann, während die Erkenntnisse der chemischen Thermodynamik auf dem Coulomb-Gesetz über die elektrostatische Anziehungskraft und der Statistik räumlicher Verteilungen von Teilchen beruhen; diese beiden Grundlagen sind die Ursache der Triebkraft chemischer Reaktionen, der sogenannten chemischen Affinität.

Je nach der konkret vorliegenden Fragestellung sind physikalisch-chemische Probleme in folgende weitere Teilgebiete einzuordnen, die lediglich eine Auswahl darstellen:

- Einwirkung von elektrischen Feldern auf Stoffe – Elektrochemie
- Einwirkung von Magnetfeldern auf Stoffe – Magnetochemie
- Einwirkung elektromagnetischer Strahlung auf Stoffe:
    - im Hinblick auf die Strahlung – Spektrometrie
    - im Hinblick auf die Stoffe – Photochemie

Als Allgemeine Chemie versteht man die systematische Zusammenfassung elementarer physikalisch-chemischer Grundlagen, z. B. zu Unterrichtszwecken.

Die quantenmechanische Betrachtung chemischer Vorgänge wird Quantenchemie, oft auch Theoretische Chemie genannt, welcher Begriff ehemals synonym für die ganze Physikalische Chemie verwendet wurde

Die Methodik der Physikalischen Chemie ist dadurch charakterisiert, dass die untersuchten Gesetzmäßigkeiten mit Hilfe mathematischer Beziehungen beschrieben werden. Die Befassung mit diesem Fachgebiet bedingt daher mathematisches Verständnis und die Fähigkeit, sich der modernen Rechentechnik bedienen zu können.

Bei physikalisch-chemischen Betrachtungen können zwei Herangehensweisen unterschieden werden, zum einen die phänomenologische, makroskopische Beschreibung der im Labor messbaren Eigenschaften und ihrer Änderungen, zum anderen die Aufstellung statistischer Modelle zur Betrachtung der kleinsten Partikel, der zwischen ihnen herrschenden physikalischen Kräfte und ihrer Auswirkungen auf die messbaren Eigenschaften der Materie. Auf diese Weise unterscheidet man die phänomenologische und die statistische Thermodynamik.

Unter der *Analytischen Chemie*, oft auch kurz *Analytik* genannt, versteht man die Lehre von der Analyse stofflicher Systeme, also von deren Untersuchung und Beschreibung. Hierbei unterscheidet man folgende Fälle:

- qualitative Analyse   Nachweis der Anwesenheit von Stoffen, kurz: Nachweis von Stoffen

- quantitative Analyse   Bestimmung des Gehaltes von Stoffen, kurz: Bestimmung von Stoffen

- Strukturanalyse   Klärung molekularer oder kristalliner Struktureigenschaften von Stoffen

Die Ergebnisse analytisch-chemischer Untersuchungen werden unter Berücksichtigung mathematisch-statistischer Grundlagen und der verwendeten Verfahren dokumentiert. Hierbei ist jedoch stets zu beachten, dass bloße Zahlenwerte oft nur wenig über den Sachstand des analytischen Problems aussagen. Von großer Wichtigkeit ist vor allem die Bedeutung der Analysenergebnisse. Hierzu ist das jeweilige analytische Problem im Hinblick auf sein Umfeld interdisziplinär zu überblicken. Dies beginnt bereits bei der Planung einer Analyse und setzt sich bei den verschiedenen Arbeitsschritten der Analytik fort, die im Folgenden aufgeführt sind.

Unter der *Probenahme* versteht man die Entnahme einer Probe aus einem Analysenmaterial. An die Probe sind hierbei folgende Anforderungen zu stellen:

- für das später anzuwendende Analysenverfahren ausreichende Masse,
- Repräsentativität für das gesamte Analysenmaterial,
- vernachlässigbare Verunreinigung beim Probenahmevorgang

Es folgt die *Probenvorbereitung*, d. h. die Anwendung chemischer und physikalischer Arbeitsvorgänge mit dem Ziel, die Probe in der Weise zu erhalten, wie es für die Anwendung des Analysenverfahrens erforderlich ist.

Schließlich wird *der Nachweis bzw. die Bestimmung, also die eigentliche Analyse* durchgeführt. Diese besteht in der Anwendung eines *Analysenverfahrens* auf die vorbereitete Probe mit Hilfe einer Arbeitsvorschrift, die die bei der Analyse zu beachtenden Bedingungen enthält.

Das Analysenverfahren beruht dabei auf einer sogenannten *Analysenmethode,* die durch ein chemisches oder physikalisches *Prinzip* sowie eine geeignete Instrumentierung gekennzeichnet ist. Solche Analysenmethoden sind z. B. Maßanalyse, Photometrie oder Röntgenspektrometrie.

Die Analyse erfolgt über Beobachtungen, zum Teil trivialer Art, wie Gasentwicklung, Verfärbung, Trübung oder Aufklarung, zum Teil über die Wägung von Massen, Messung von Volumina oder von physikalischen Messwerten, in einigen Fällen allerdings durch Zählung von Phänomenen, wie z. B. bei den nuklearen Methoden.

Schließlich folgt die Auswertung: Aus den Beobachtungen wird auf die Beschaffenheit des stofflichen Systems geschlossen. Wie man hierbei vorgeht, richtet sich nach der Art der zugrundeliegenden Analysenmethode, wie man aus der folgenden Tabelle entnehmen kann.

Tab. 1.1: Auswertung in der analytischen Chemie

Art der Analysenmethode	Grundlage der Auswertung
qualitativ	bekanntes Reaktionsverhalten der Stoffe
quantitativ, klassisch	bekannte Mengenverhältnisse bei der ausgenutzten chemischen Reaktion (Stöchiometrie)
quantitativ, instrumentell	bei Anwendung des Analysenverfahrens untersuchter Zusammenhang zwischen Gehalt und Messwert (Kalibrierung)
quantitativ, physikalisch-chemisch	spezielles physikalisch-chemisches Gesetz
Strukturanalyse	Datensammlungen sowie theoretische Gesetzmäßigkeiten, z. B. bei der Spektrometrie

Die *qualitative Analyse* organischer und anorganischer Stoffe wurde im 19. Jahrhundert maßgeblich entwickelt, im Bereich der anorganischen Chemie u. a. durch Fresenius. Die *klassische quantitative Analytik* umfasst *Gravimetrie* und *Maßanalyse* und gründete auf Arbeiten von Mohr, Gay-Lussac, Liebig u.a.

Die physikalischen Grundlagen der modernen *instrumentellen Analytik* waren zum großen Teil im 19. Jahrhundert schon bekannt, die Entwicklung leistungsfähiger Geräte erfolgte allerdings erst im 20. Jahrhundert, vor allem in dessen zweiter Hälfte. Man unterscheidet hierbei *spektrometrische* sowie *elektrochemische Analysenmethoden*.

Analytisch-chemische Untersuchungen beruhen oft unter Ausnutzung und stets unter Berücksichtigung chemischer Reaktionen. Die hierbei bedeutenden Reaktionen vor allem bei der anorganischen, aber auch bei der organischen Analytik sind *Fällungs-, Komplexbildungs-, Säure-Base-* und *Redoxreaktionen,* vorwiegend in wässriger Lösung. Diese Reaktionen unterliegen den Regeln der Thermodynamik und der Reaktionskinetik, was für die Durchführung der Analyse oft wichtige Konsequenzen hat.

Die Analytik bedient sich häufig verschiedener physikalisch-chemischer Verteilungs-vorgänge, z. B. bei den *Extraktions-, Adsorptions-* und *Absorptionsverfahren* sowie bei der *Chromatographie.*

Auch die *Elektroanalytik* beruht auf Phänomenen, die der Physikalischen Chemie zugeordnet werden.

Außerdem sind mehrere Analysenmethoden entwickelt worden, bei denen spezielle physikalisch-chemische Gesetze ausgenutzt werden, *Kryoskopie, Ebullioskopie* und die *Messung des osmotischen Drucks.*

Die hier erwähnten Überschneidungen der Physikalischen und der Analytischen Chemie sollen in diesem Buch behandelt werden.

2 Beispiele zur Reaktionskinetik

Die Reaktionskinetik befasst sich mit den Gesetzmäßigkeiten des zeitlichen Ablaufs chemischer Reaktionen. Die Voraussetzung dafür, dass eine chemische Reaktion überhaupt stattfindet, ist die chemische Affinität, doch diese bestimmt keineswegs die Geschwindigkeit, mit der die Reaktion abläuft. Bevor die Abhängigkeiten der Reaktionsgeschwindigkeit beschrieben werden können, ist es notwendig, diese Größe zunächst einmal zu definieren, z. B. an Hand einer exemplarischen chemischen Reaktion:

$$A + 2\,B \rightarrow C + 2\,D$$

Die Reaktionsgeschwindigkeit ist definiert als Differentialquotient einer Produktkonzentration nach der Zeit, wobei durch den stöchiometrischen Koeffizienten dividiert werden muss. Wird die Konzentration eines Ausgangsstoffes (Edukt) zur mathematischen Beschreibung herangezogen, so ist ein negatives Vorzeichen zu verwenden[1].

$$v = \frac{dc(C)}{dt} = \frac{1}{2}\frac{dc(D)}{dt} = -\frac{dc(A)}{dt} = -\frac{1}{2}\frac{dc(B)}{dt}. \tag{2.1}$$

Im Sonderfall kann ein einziger reiner Stoff eine chemische Reaktion durchlaufen, z. B. einen Zerfall oder eine Umlagerung, von größerer Bedeutung sind jedoch Reaktionen zwischen zwei oder mehreren Stoffen, die im Gemisch vorliegen. Für den Fall, dass ein reiner Stoff oder ein homogenes Gemisch vorliegt, wird dies als eine homogene Reaktion bezeichnet, im Fall eines heterogenen Gemisches als eine heterogene Reaktion.

Für beide Arten Reaktionen wird die Reaktionsgeschwindigkeit beeinflusst durch

- Konzentrationen der Ausgangsstoffe (bei Gasen auch durch ihre Partialdrucke)
- Temperatur
- Anwesenheit von Stoffen mit reaktionsbeschleunigender oder –verzögernder Wirkung (Katalysatoren bzw. Inhibitoren)

[1] Ein Symbolverzeichnis befindet sich in Kap. 8.

Bei heterogenen Reaktionen können zusätzlich noch folgende Vorgänge eine wesentliche Rolle spielen:

- Diffusion
- Adsorption
- Lösungsvorgänge
- Kondensation
- Verdampfung

Bei chemischen Reaktionen kann zwischen einfachen und zusammengesetzten Reaktionen unterschieden werden, wobei sich die zuletzt genannten aus zwei oder mehreren einfachen Reaktionen zusammensetzen. Die Reaktionsgeschwindigkeiten einfacher Reaktionen weisen Abhängigkeiten auf, die leichter zu beschreiben und auch leichter einzusehen sind. Daher sollen zunächst schwerpunktmäßig die Abhängigkeiten der einfachen Reaktionen behandelt werden, bevor in praktischen Beispielen auch auf die zusammengesetzten Reaktionen eingegangen wird.

Konzentrationsabhängigkeit der Reaktionsgeschwindigkeit. Zur präzisen Beschreibung dieser Abhängigkeit muss statt der tatsächlichen Konzentration eines Ausgangsstoffes die aktive Konzentration oder Aktivität herangezogen werden. Für eine praxisnahe Betrachtung ist dies jedoch verzichtbar, da die hierbei in Kauf genommenen Fehler fast immer vernachlässigbar gering sind, außer bei Betrachtung sehr hoher Konzentrationen. Bei der Beschreibung chemischer Gleichgewichte hat die Aktivität eine größere Bedeutung und wird daher im Kapitel 3 näher behandelt werden.

Die Reaktionsgeschwindigkeit einer einfachen chemischen Reaktion ist direkt proportional zur Konzentration eines jeden Ausgangsstoffes, potenziert mit dem stöchiometrischen Koeffizienten. Je nach der Summe der Exponenten unterscheidet man verschiedene Gesamtreaktionsordnungen.

Reaktion 1. Ordnung: Für eine einfache Reaktion

$$A \rightarrow \text{Produkte}$$

gilt für die Reaktionsgeschwindigkeit

$$v = -\frac{dc(A)}{dt} = k_1 c(A). \tag{2.2}$$

Hierbei wird k_1 als Geschwindigkeitskonstante 1. Ordnung bezeichnet. Durch Integration erhält man für die aktuelle Konzentration von A

$$c(A) = c_0(A)\, e^{-k_1 t}, \tag{2.3}$$

wobei $c_0(A)$ die Ausgangskonzentration von A zum Zeitpunkt $t = 0$ ist. Für ein Produkt P, das durch die betrachtete Reaktion erstmalig gebildet wird und somit zu Beginn noch nicht vorliegt, gilt dann

$$c(P) = z c_0(A)(1 - e^{-k_1 t}). \tag{2.4}$$

In dieser Gleichung ist z der stöchiometrische Koeffizient von P, bezogen auf den von A.

Die logarithmische Form von (2.3) zeigt einen linearen Zusammenhang zwischen $\ln c(A)$ und t

$$\ln c(A) = \ln c_0(A) - k_1 t. \tag{2.5}$$

Diese Beziehung ermöglicht die Berechnung von k_1 bereits aus der Ausgangskonzentration $c_0(A)$ sowie einer weiteren Konzentration $c(A)$ und der zugehörigen Zeit t. (2.5) gilt für andere Reaktionsordnungen nicht. Das eröffnet die Möglichkeit, ausgehend von Versuchsdaten statistisch zu prüfen, ob eine Reaktion 1. Ordnung vorliegt. Ergibt eine lineare Ausgleichsrechnung bei Vorliegen mindestens dreier Wertepaare $[t;\ \ln c(A)]$ eine ausreichende Linearität, so ist eine Reaktion 1. Ordnung nachgewiesen. Die ganze Messreihe liefert einen Wert für k_1 aus der Steigung der berechneten Ausgleichsgeraden.

Reaktion 2. Ordnung: Für eine einfache Reaktion

$$2\,A \rightarrow \text{Produkte}$$

gilt für die Reaktionsgeschwindigkeit:

$$v = -\frac{1}{2}\frac{dc(A)}{dt} = k_2 c^2(A). \tag{2.6}$$

Hierbei wird k_2 als Geschwindigkeitskonstante 2. Ordnung bezeichnet. Durch Integration erhält man für die aktuelle Konzentration von A folgenden reziproken Ausdruck:

$$\frac{1}{c(A)} = \frac{1}{c_0(A)} + 2k_2 t. \tag{2.7}$$

Daraus ergibt sich

$$c(A) = (\frac{1}{c_0(A)} + 2k_2t)^{-1}.$$ (2.8)

Für ein Produkt P gilt dann:

$$c(P) = z[c_0(A) - (\frac{1}{c_0(A)} + 2k_2t)^{-1}].$$ (2.9)

In dieser Gleichung ist z der stöchiometrische Koeffizient von P, bezogen auf den von A.

(2.7) zeigt einen linearen Zusammenhang zwischen $1/c(A)$ und t. Diese Beziehung ermöglicht die Berechnung von k_2 aus $c_0(A)$ sowie je einem Wert für $c(A)$ und t. Bei einer linearen Regression von mindestens drei Wertepaaren $[t; 1/c(A)]$ zeigt ein ausreichend linearer Verlauf eine Reaktion 2. Ordnung an. k_2 kann hierbei aus der Steigung der Ausgleichsgeraden ermittelt werden.

Für eine einfache Reaktion

$$A + B \rightarrow Produkte$$

lässt sich folgende Beziehung aufstellen:

$$v = k_2c(A)c(B).$$ (2.10)

Solch eine Reaktion gilt als Reaktion 2. Ordnung, bei partieller Betrachtung der Abhängigkeiten von $c(A)$ sowie von $c(B)$ ergeben sich jedoch Beziehungen wie bei Reaktionen 1. Ordnung:

$$v = k_1c(A) = k_1' c(B)$$ (2.11)

$$mit\ k_1 = k_2\ c(B)\ und\ k_1' = k_2\ c(A).$$

Reaktionen höherer Ordnung haben eine geringere Bedeutung, so dass hier nicht näher auf sie eingegangen wird.

Das Auftreten verschiedener Reaktionsordnungen wird dadurch erklärt, dass die Reaktionsgeschwindigkeit direkt proportional zur Zahl der Teilchenkollisionen sein sollte und diese Stoßzahl direkt proportional zur Konzentration eines jeden Teilchens, das am Stoß beteiligt ist.

Bei jeder einfachen Reaktion ist die Reaktionsordnung also gleich der Zahl der beteiligten Eduktteilchen, der sogenannten Molekularität. Somit wird eine einfache Reaktion 1. Ordnung unimolekular genannt, eine einfache Reaktion 2. Ordnung bimolekular.

Es ist jedoch zu beachten, dass es oft nicht sicher ist, ob eine einfache oder eine zusammengesetzte Reaktion vorliegt. Eine zusammengesetzte Reaktion ist zwar durch eine Reaktionsordnung gekennzeichnet, nicht jedoch durch eine Molekularität. Von der Reaktionsordnung einer zusammengesetzten Reaktion auf die Molekularitäten der Einzelreaktionen zu schließen, ist sehr schwierig und ohne zusätzliche Informationen ein unlösbares Problem.

Bei heterogenen Reaktionen wird häufig eine Reaktionsordnung Null beobachtet, die darauf beruht, dass z. B. die Adsorption an einer Grenzfläche geschwindigkeits-bestimmend ist und somit die Eduktkonzentrationen nur einen vernachlässigbar geringen Einfluss auf die Reaktionsgeschwindigkeit zeigen. Die Reaktionsgeschwindigkeit ist dann konstant und entspricht der Geschwindigkeitskonstanten 0. Ordnung, die ihrerseits z. B. direkt proportional zur Größe der Grenzfläche ist:

Reaktion 0. Ordnung: Für eine Reaktion

$$A \rightarrow \text{Produkte}$$

gelte für die Reaktionsgeschwindigkeit:

$$v = -\frac{dc(A)}{dt} = k_0. \tag{2.12}$$

Hierbei wird k_0 als Geschwindigkeitskonstante 0. Ordnung bezeichnet. Durch Integration erhält man für die aktuelle Konzentration von A

$$c(A) = c_0(A) - k_0 t. \tag{2.13}$$

Für ein Produkt P gilt dann:

$$c(P) = z k_0 t. \tag{2.14}$$

In dieser Gleichung ist z der stöchiometrische Koeffizient von P, bezogen auf den von A.

(2.13) zeigt einen linearen Zusammenhang zwischen $c(A)$ und t. Hiernach kann k_0 bereits aus $c_0(A)$ sowie je einem Wert für $c(A)$ und t berechnet werden. Ergibt die lineare Regression von mindestens drei Wertepaaren $[t; c(A)]$ eine ausreichend gute Linearität, so liegt eine Reaktion 0. Ordnung vor. k_0 lässt sich dann aus der Steigung der Ausgleichsgeraden ermitteln.

Temperaturabhängigkeit der Reaktionsgeschwindigkeit. Die Reaktionsgeschwindigkeit einer einfachen Reaktion nimmt mit steigender Temperatur zu. Von Arrhenius stammt hierzu folgende Beziehung für eine Geschwindigkeitskonstante unbestimmter, x. Ordnung:

$$k_x = A\,e^{-\frac{E_A}{RT}}. \tag{2.15}$$

Hierin bedeutet der temperaturunabhängige Stoßfaktor A ein rein teilchenspezifisches Maß für die Wahrscheinlichkeit einer Teilchenkollision. E_A ist die molare Aktivierungsenergie, also der Energiebetrag, der einem Mol Ausgangsstoff zugeführt werden muss, damit die Teilchen, die ohnehin zusammenstoßen, dabei miteinander reagieren, statt wieder voneinander abzuprallen. Stets wird ein gewisser Prozentsatz der Teilchen diese Energie als kinetische Energie bereits in sich tragen, doch dieser Anteil ist temperaturabhängig. Nach dem Energieverteilungsgesetz von Boltzmann gilt schließlich für zwei Zustände unterschiedlicher Energie, dass das Verhältnis der Teilchenzahlen auf diesen Zuständen exponentiell von der Energiedifferenz und der Temperatur abhängt:

$$\frac{N_2}{N_1} = \frac{p_2}{p_1}\,e^{-\frac{\Delta E}{kT}}. \tag{2.16}$$

Es sei darauf hingewiesen, dass die hier verwendete Boltzmann-Konstante k identisch ist mit der für molare Betrachtungen eingesetzten universellen Gaskonstanten R, dividiert durch die Loschmidt-Konstante N_L.

Die experimentell ermittelte Arrhenius-Gleichung (2.15) stellt insofern einen Sonderfall des Boltzmann-Energieverteilungsgesetzes dar.

Nach (2.15) kann aus zwei Wertepaaren (T, k_x) die Aktivierungsenergie E_A durch Bildung des Quotienten k_{II}/k_I errechnet werden. Für jede weitere Temperatur kann k_x dann durch direktes Einsetzen von T und E_A in (2.15) berechnet werden.

Als grobe Näherung kann auch die Regel von Van´t Hoff verwendet werden, nach der eine Temperaturerhöhung um 10 K eine Steigerung der Reaktionsgeschwindigkeit auf das Zwei- bis Dreifache bewirkt.

Katalysatoren und Inhibitoren. Stoffe, die die Aktivierungsenergie einer Reaktion herabsetzen, wirken nach (2.15) reaktionsbeschleunigend. Sie werden als *Katalysatoren* bezeichnet. Sie nehmen an der Reaktion, die sie beschleunigen, teil, z. B. indem sie die Ausgangsstoffe an einer Oberfläche adsorbieren und somit eine lokal höhere Konzentration bewirken.

Stoffe, die die Aktivität eines Katalysators vermindern, werden *Inhibitoren* genannt und nehmen ebenfalls an der betreffenden Reaktion teil [1].

Sowohl Katalysatoren als auch Inhibitoren werden im Idealfall wieder in vollständiger Menge freigesetzt, im Realfall werden sie durch Nebenreaktionen allmählich verbraucht.

Einige Reaktionen führen zu Reaktionsprodukten, die auf diese Reaktionen katalytisch wirken, wie dies z. B. bei der Korrosion von Eisen der Fall ist. Ein solcher Sachverhalt wird *Autokatalyse* genannt. In anderen Fällen verhindert das bereits entstandene Reaktionsprodukt einen weiteren Ablauf der Reaktion, es sei z. B. an die schützende Oxidschicht auf metallischem Aluminium erinnert.

Katalysatoren, die im Stoffwechsel von Lebewesen auftreten, werden Enzyme genannt. Diese Stoffe werden unter realen Bedingungen leicht von der Gesamtheit der vorliegenden Ausgangsstoffe, dem Substrat S, gesättigt, so dass eine maximale Reaktionsgeschwindigkeit v_{max} resultiert. Für Enzyme wird diese Sättigungskinetik mit Hilfe der Michaelis-Menten-Gleichung beschrieben [2],

$$v = \frac{v_{\max}\, c(S)}{K_M + c(S)}.$$

$$(2.17)$$

Die Michaelis-Konstante K_M ist bei solchen Reaktionen sehr gering, bei denen die Affinität zwischen Substrat und Enzym groß ist.

Analytische Anwendungen der Reaktionskinetik.

Katalytische Analysenverfahren beruhen darauf, dass der Analyt die Geschwindigkeit einer chemischen Reaktion beeinflusst. In der Praxis wird die Reaktion dabei meist beschleunigt, der Analyt wirkt also als Katalysator. Eine schon lange praktizierte Anwendung dieses Sachverhalts ist z. B. die Iod-Azid-Reaktion in der qualitativen Analyse.

$$I_2 + 2\,N_3^- \rightarrow 2\,I^- + 3\,N_2$$

Während diese Reaktion bei Abwesenheit geeigneter Katalysatoren praktisch nicht abläuft, wird die Reaktion durch Sulfid oder andere Spezies mit zweiwertigem Schwefel katalysiert und dient somit zum Nachweis dieser Stoffe.

In der quantitativen Analyse kann ein auf eine bestimmte Reaktion katalytisch wirkender Analyt beispielsweise folgendermaßen bestimmt werden:

Eine Reaktion $A + B \rightarrow C + D$ wird durch einen Katalysator K beschleunigt. Da die Katalysator-Konzentration als konstant anzusehen ist, gelte folgendes Geschwindigkeitsgesetz zweiter Ordnung:

$$\frac{dc(C)}{dt} = k_2\, c(K)\, c(A)\, c(B). \tag{2.18}$$

Liegt B in hohem Überschuss gegenüber A vor, so ergibt sich eine Reaktion pseudo-erster Ordnung:

$$\frac{dc(C)}{dt} = k_1\, c(K)\, c(A). \tag{2.19}$$

Kann eine geringe Konzentration von C quantitativ erfasst werden, so kann $c(A)$ über einen gewissen Zeitraum zu Beginn der Reaktion weitgehend konstant gehalten werden, und es ergibt sich eine Beziehung pseudo-nullter Ordnung:

$$\frac{dc(C)}{dt} = k_0\, c(K). \tag{2.20}$$

Die Zunahme von $c(C)$ je Zeiteinheit ist also eine der Katalysator- und somit der Analytkonzentration direkt proportionale Größe und eignet sich somit zur Bestimmung des Analyten.

Darauf beruht die etwas aufwendige sogenannte *Tangentenmethode*: Für mehrere Standardlösungen mit bekannter Konzentration $c(K)$ wird $c(C)$ in Abhängigkeit von der Zeit t registriert. Hierbei erhält man in Übereinstimmung mit (2.19) Kurven, die zunächst stark ansteigen, deren Steigung dann jedoch abnimmt, da $c(A)$ sinkt (Abb.2.1). Der Anstieg dieser Kurven bei $t = 0$, also die Tangentensteigung, ist jeweils $dc(C)/dt$ aus (2.20). Aus diesen $dc(C)/dt$-Werten und den betreffenden Konzentrationen $c(K)$ kann die Geschwindigkeitskonstante k_0 nach (2.20) ermittelt werden. Bei der Untersuchung von Proben unbekannter Zusammensetzung kann dann $c(K)$ aus $dc(C)/dt$ und k_0 leicht nach (2.20) errechnet werden.

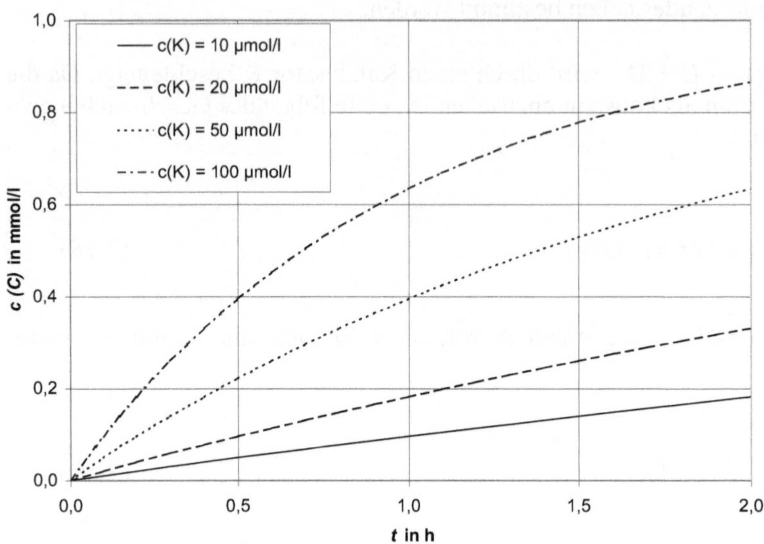

Abb. 2.1: Tangentenmethode, c_0 *(A)* = 1 mmol/l

Durch Integration von (2.20) erhält man für die Anfangsphase der Reaktion

$$c(C) = k_0 \, c(K) \, t. \tag{2.21}$$

Entsprechend dieser Beziehung kann so vorgegangen werden, dass die Reaktion nach einer festgelegten Reaktionszeit t durch einen Inhibitor gestoppt wird und $c(C)$ durch ein geeignetes Analysenverfahren bestimmt wird *(„Fixed Time"-Methode)*. Auf diesem Wege wird durch Kalibrierung zunächst k_0 bestimmt und dann in Proben unbekannter Zusammensetzung *c(K)*. Diese Methode ist jedoch wegen des schwierigen Anhaltens der Reaktion und der für C erforderlichen quantitativen Analytik recht aufwendig.

Diese festgelegte Zeit kann auch auf rationelle Weise erreicht werden, indem man das Reaktionsgemisch in einem Strömungsrohr über eine festgelegte Strecke mit konstanter Geschwindigkeit fließen lässt. Ein Beispiel dafür ist die Bestimmung des Molybdäns als Katalysator nach Wilson 1966 [3]. Hierbei werden drei Lösungen gemischt, eine mit Peroxoborat, eine mit Iodid sowie eine mit der zu bestimmenden Konzentration an Molybdän, das die Redoxreaktion von Peroxoborat und Iodid katalysiert. Misst man nach Durchlaufen einer festgelegten Wegstrecke die durch entstandenes Iod verursachte Lichtabsorption, so ist der Messwert ein Maß für die Molybdänkonzentration.

Eine andere Möglichkeit besteht darin, dass $c(C)$ konstant gehalten wird *(„Fixed Concentration"-Methode)*. In einer vergleichsweise schnellen Folgereaktion wird C mit einem Reaktanden E umgesetzt, der in einer festgelegten Konzentration vorliegt:

$$A + B \rightarrow C + D \qquad \text{langsam}$$

$$C + E \rightarrow F \qquad \text{schnell}$$

Das Verschwinden von E oder das erste Auftreten von nicht abreagiertem C wird durch einen geeigneten Indikator angezeigt. Die erforderliche Reaktionszeit t wird z. B. mit einer Stoppuhr erfasst. k_0 sowie $c(K)$ können auf diesem Wege nacheinander bestimmt werden. Diese *„Fixed Concentration"*-Methode ist im Vergleich zu den zuvor genannten Methoden einfach durchzuführen.

Ein Beispiel hierfür ist die Komproportionierung von Bromat und Bromid zu elementarem Brom, die zur Bestimmung der hierbei katalytisch wirkenden Metallionen dienen kann (Zr, V, Mo, Fe) [4].

$$BrO_3^- + 5\ Br^- + 6\ H_3O^+ \rightarrow 3\ Br_2 + 9\ H_2O \qquad \text{langsam}$$

Das elementare Brom oxidiert Ascorbinsäure zu Dehydroascorbinsäure:

$$3\ Br_2 + 3\ C_6H_8O_6 + 6\ H_2O$$
$$\rightarrow 6\ Br^- + 6\ H_3O^+ + 3\ C_6H_6O_6 \qquad \text{schnell}$$

Elementares Brom tritt erst dann im Überschuss auf, wenn die Ascorbinsäure verbraucht ist, und kann dann z. B. durch Zerstörung eines organischen Farbstoffes angezeigt werden.

Eine stark vereinfachte Methode zur Bestimmung eines Katalysators über die Geschwindigkeit einer chemischen Reaktion ist die von Bognar so bezeichnete *„Simultankomparationsmethode"* [5]. Ihre Anwendung ist vor allem dann von Vorteil, wenn bei der betreffenden Reaktion gut erkennbare Farbänderungen auftreten.

Die Verfahrensweise sei hier kurz beschrieben: In eine z. B. kreisförmig angeordnete Anzahl von Reagenzgläsern werden jeweils gleiche Stoffmengen des Reaktionspartners A sowie steigende Stoffmengen des zu bestimmenden, katalytisch wirkenden Stoffes K hineinpipettiert. Diese Lösungen dienen als Standards; in einem weiteren Glas, z. B. in der Mitte einer kreisförmigen Versuchsanordnung, befindet sich die Probe. Hierin liegt dieselbe Stoffmenge von A vor, sowie die unbekannte, zu bestimmende Stoffmenge von K. In jedem Gefäß wird dann auf dasselbe Volumen aufgefüllt, schließlich gibt man in alle Gefäße gleichzeitig dieselbe Stoffmenge des Reaktionspartners B. Dadurch beginnt die Reaktion in allen Gefäßen zur gleichen Zeit und die in der Probelösung auftretenden Veränderungen werden nun mit denen der Standardlösungen verglichen. Die

Standardlösung, die in ihrem Verhalten am stärksten der Probelösung ähnelt, gibt den besten Schätzwert für $c(K)$ wieder.

Eine weitere Anwendung ist die katalytische Endpunkterkennung bei der Titration, die hier an einem Beispiel beschrieben wird. Silberionen sollen mit Hilfe einer Kaliumiodid-Maßlösung fällungstitrimetrisch bestimmt werden. Die in der Nähe des Äquivalenzpunktes auftretende Iodidkonzentration katalysiert eine Redoxreaktion zwischen gelbem Cer(IV) und überschüssigem Arsen(III), die zuvor in der Probelösung vorgelegt wurden; die Entfärbung der gelben Lösung dient als Titrationsendpunkt [6].

Enzymatische Analyse.

Die Enzymatische Analyse umfasst die Gesamtheit der Bestimmungsverfahren, bei denen die katalytische Funktion von Enzymen ausgenutzt wird. Ein großer Vorteil ist hierbei die oft große Selektivität. Hierbei gibt es mehrere Varianten, für die hier einige Beispiele genannt werden:

Bestimmung der Glucose als Substrat

Glucose lässt sich mit Hilfe der folgenden Reaktionen sehr selektiv bestimmen:

$$\text{Glucose} + H_2O + O_2 \rightarrow \text{Gluconsäure} + H_2O_2$$
Enzym: Glucose-Oxidase

$$H_2O_2 + 2\,I^- + 2\,H^+ \rightarrow I_2 + 2\,H_2O$$
Katalysator: Molybdän

$dc(I_2)/dt$ ist ein Maß für die vorliegende Konzentration an Glucose [7].

Bestimmung der Katalase als Enzym

Sehr geringe Bestimmungsgrenzen können erreicht werden, wenn hochwirksame Enzyme bestimmt werden sollen. Ein Beispiel hierfür ist das Enzym Katalase, das in lebenden Organismen den Zerfall des Wasserstoffperoxids in Wasser und Disauerstoff katalysiert. Es erreicht eine Enzymaktivität von 100.000 Umsetzungen je Sekunde und je Molekül. Die Bestimmung erfolgt durch maßanalytische Umsetzung mit Wasserstoffperoxid [2].

Bestimmung diverser Analyten als Enzym-Inhibitoren

Silber und Quecksilber lassen sich im pg-Bereich bestimmen, indem ihre Eigenschaft als Enzym-Inhibitoren gegenüber Alkohol-Dehydrogenase ausgenutzt wird [8].

DDT und Lindan lassen sich als Enzym-Inhibitoren von Cholinesterase quantitativ erfassen [9].

Bestimmung von Cyanid- oder Sulfidspuren als Enzym-Reaktivatoren

Stoffe, die die Wirkung eines Enzym-Inhibitors aufheben können, also sogenannte Enzym-Reaktivatoren, können auf Grund dieser Eigenschaft bestimmt werden. Als Beispiel sei die Bestimmung von Cyanid- oder Sulfidspuren erwähnt, die durch Quecksilber inhibierte Invertase zu reaktivieren vermögen [10].

Andere Methoden, bei denen die Kinetik von Bedeutung ist.

In vielen Bereichen der Analytik ist die Beachtung kinetischer Sachverhalte von erheblicher Bedeutung, wofür hier einige Beispiele aufgeführt sind:

Gravimetrie

Bei einem Bestimmungsverfahren für Aluminium erfolgt die Fällung als Oxinat bei zunächst 75-85 °C bis zur Einstellung des optimalen pH-Wertes, dann über eine Dauer von 30 min bei 60-70 °C [11]. Das Erhitzen verringert zum einen das Ausmaß der Mitfällung unerwünschter Ionen, zum anderen die zur quantitativen Fällung notwendige Dauer. Bei Raumtemperatur könnte ein solches Verfahren nicht in angemessener Zeit durchgeführt werden.

Maßanalyse

Bei der manganometrischen Bestimmung von Gesamteisen kann Eisen(III) mit Hilfe von $SnCl_2$ nur in der Siedehitze reduziert werden [11], andernfalls reicht die Reaktionsgeschwindigkeit nicht aus.

Der Chemische Sauerstoffbedarf (CSB) z. B. von Abwässern wird nach DIN erfasst, indem die Probe in halbkonzentrierter Schwefelsäure mit Kaliumdichromat umgesetzt wird. Bei (148 ± 3) °C beträgt die vorgeschriebene Behandlungsdauer immerhin noch 110 min [12].

Strömungsverfahren/FIA

Bereits vor 1970 waren Bestimmungsverfahren bekannt, die auf der Strömung von Reaktionsgemischen beruhten, z. B. nach Wilson [3]. Seit etwa 1980 wurden zahlreiche Verfahren entwickelt, die auf der Injektion von Probe- und Reagenzlösungen in fließende Reaktionsmedien beruhen. Diese Vorgehensweise wird oft als Fließinjektionsanalyse bezeichnet (Flow Injection Analysis, FIA) [13]. Bei der Entwicklung solcher Verfahren ist die für einen quantitativen Reaktionsablauf erforderliche Fließstrecke zu ermitteln, diese entspricht jedoch der Reaktionszeit, die z. B. mit Hilfe von (2.21) abgeschätzt werden kann.

Einfache Rechenbeispiele zur Kinetik.

Beispiel 2.1: Feststellen einer Reaktionsordnung

Bei einer kinetischen Untersuchung einer Reaktion A + B → Produkte ergeben sich folgende Werte ($T = const$):

Tab. 2.1: Werte einer kinetischen Untersuchung (Beispiel 2.1)

$c(A)$ in mol/l	$c(B)$ in mol/l	v in mol/(l·min)
0,05	0,05	0,0211
0,10	0,05	0,0418
0,10	0,10	0,0835

Lösung: Man erkennt eine direkte Proportionalität der Reaktionsgeschwindigkeit sowohl zu $c(A)$ als auch zu $c(B)$(Abb. 2.2 und 2.3), es liegt also eine Reaktion jeweils 1. Ordnung in A und in B vor, also insgesamt 2. Ordnung. Handelt es sich um eine einfache Reaktion, so ist diese bimolekular.

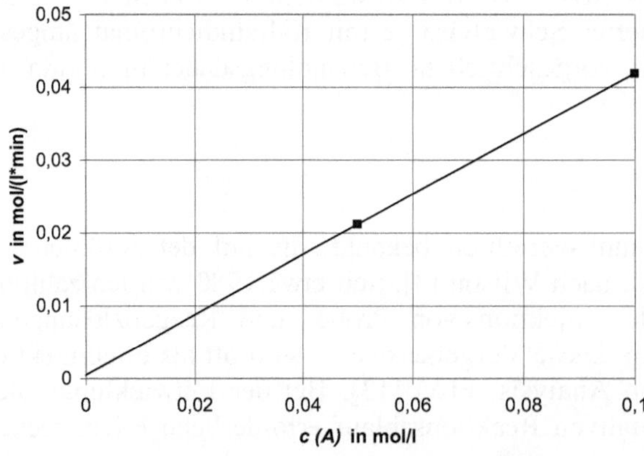

Abb. 2.2: Abhängigkeit v von $c(A)$ für $c(B) = 0,05$ mol/l (Beispiel 2.1)

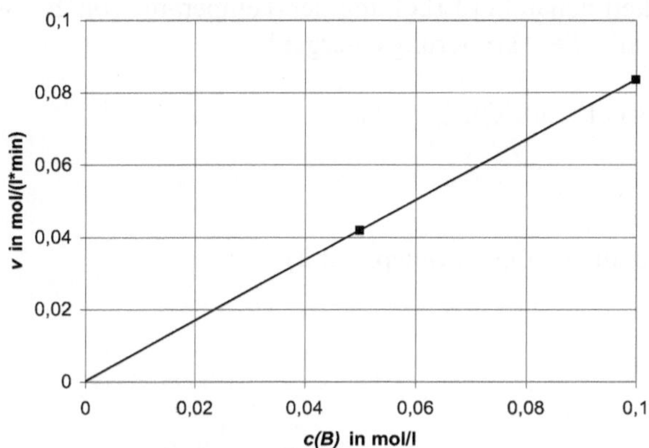

Abb. 2.3: Abhängigkeit v von $c(B)$ für $c(A) = 0,10$ mol/l (Beispiel 2.1)

Beispiel 2.2: Temperaturabhängigkeit der Reaktionsgeschwindigkeit

Durch Anwenden der Arrhenius-Gleichung (2.15) erhält man für das Verhältnis der Geschwindigkeitskonstanten bei zwei verschiedenen Temperaturen folgende Beziehung:

$$\frac{k_{II}}{k_I} = e^{\frac{E_A}{R}\left(\frac{1}{T_I} - \frac{1}{T_{II}}\right)}.$$

(2.22)

Sind bei zwei Temperaturen die betreffenden Geschwindigkeitskonstanten bekannt, so kann E_A berechnet werden, z. B. in folgendem Fall:

$T_I = 278$ K (5 °C); $T_{II} = 298$ K (25 °C);

$k_I = 0,018$ min^{-1}; $k_{II} = 0,090$ min^{-1}

Lösung:

$$E_A = \frac{R}{\dfrac{1}{T_I} - \dfrac{1}{T_{II}}} \ln \frac{k_{II}}{k_I}$$

$E_A = 55,4$ kJ/mol

Beispiel 2.3: Gültigkeit der Regel von Van't Hoff

Die Regel von Van't Hoff besagt eine Verdopplung bis Verdreifachung der Reaktionsgeschwindigkeit bei einer Temperaturerhöhung von 10 K. Bei einer Reaktion verdoppele sich die Geschwindigkeit genau bei Erhöhung der Temperatur von 20 bis auf 30 °C. Wie groß wäre in diesem Falle die Aktivierungsenergie?

$$T_I = 293 \text{ K } (20 \text{ °C}); \quad T_{II} = 303 \text{ K } (30 \text{ °C}); \quad k_{II} = 2\, k_I$$

Lösung:

$$E_A = 51{,}2 \text{ kJ/mol (Berechnung analog zu Beispiel 2.2)}$$

3 Thermodynamische Grundlagen

3.1 Das chemische Gleichgewicht und seine Abhängigkeiten

Das Gleichgewicht chemischer Reaktionen. Bei der überwiegenden Mehrzahl praktisch bedeutender Reaktionen handelt es sich um reversible Vorgänge, so dass sowohl Hin- als auch Rückreaktion formuliert werden können. Als Beispiel sei hier die Ammoniaksynthese nach dem Haber-Bosch-Verfahren genannt.

Hinreaktion: $\qquad N_2 + 3\,H_2 \rightarrow 2\,NH_3$

Rückreaktion: $\qquad 2\,NH_3 \rightarrow N_2 + 3\,H_2$

Für die beiden Reaktionsgeschwindigkeiten erhält man analog (2.2), (2.6) und (2.10) folgende Ausdrücke, wobei zur Vereinfachung so verfahren wird, als wären es einfache, also einstufige Reaktionen:

$$v_\rightarrow = k_\rightarrow\, c(N_2)\, c^3(H_2), \qquad\qquad (3.1)$$

$$v_\leftarrow = k_\leftarrow\, c^2(NH_3). \qquad\qquad (3.2)$$

Sobald die Hinreaktion begonnen hat, liegen alle drei Stoffe vor, und beide Reaktionen finden mit den entsprechenden Reaktionsgeschwindigkeiten parallel statt. Hierbei wird die Hinreaktion auf Grund des Verbrauchs der Edukte immer langsamer, während die Rückreaktion wegen der fortschreitenden Bildung von Ammoniak immer schneller abläuft. Dies setzt sich so lange fort, bis Bildung und Zerfall von Ammoniak gleich schnell ablaufen (Abb. 3.1).

Verfolgt man das Reaktionsgeschehen analytisch, so wird zunächst Ammoniak gebildet, wobei die Geschwindigkeit abnimmt; schließlich erreicht die Ammoniak-Konzentration einen konstanten Wert. Das Gasgemisch scheint sich nicht mehr zu verändern, obwohl ja Hin- und Rückreaktion weiterhin ablaufen.

Man bezeichnet diesen Zustand als *Dynamisches Gleichgewicht* oder lediglich als *Gleichgewicht* der chemischen Reaktion:

$$N_2 + 3\,H_2 \rightleftharpoons 2\,NH_3$$

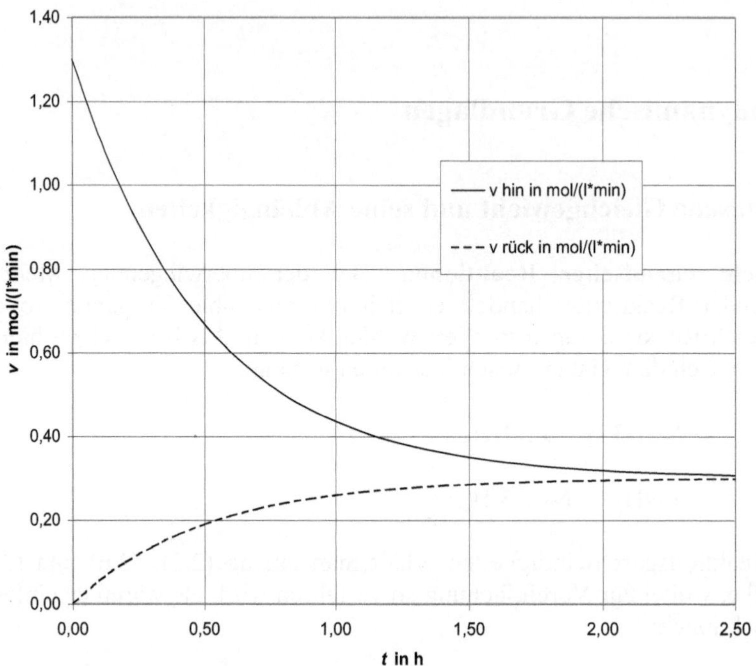

Abb. 3.1: Dynamisches Gleichgewicht

Im Gleichgewichtszustand sind die Reaktionsgeschwindigkeiten von Hin- und Rückreaktion gleich groß:

$$v_{\rightarrow} = v_{\leftarrow}. \tag{3.3}$$

Durch Einsetzen gemäß (3.1) und (3.2) erhält man

$$k_{\rightarrow}\, c(N_2)\, c^3(H_2) = k_{\leftarrow}\, c^2(NH_3) \tag{3.4}$$

und daraus durch Umformen

$$\frac{k_{\rightarrow}}{k_{\leftarrow}} = \frac{c^2(NH_3)}{c(N_2)\, c^3(H_2)}. \tag{3.5}$$

Die Geschwindigkeitskonstanten lassen sich zusammenfassen:

$$K = \frac{c^2(NH_3)}{c(N_2)\, c^3(H_2)}.$$

(3.6)

Dies ist eine mathematische Beschreibung des Sachverhaltes, der als *Massenwirkungsgesetz* bezeichnet wird:

> *Im Gleichgewichtszustand einer Reaktion ist das Verhältnis der mit den jeweiligen stöchiometrischen Koeffizienten potenzierten Konzentrationen der Produkte zu denen der Ausgangsstoffe unveränderlich, unabhängig von den eingesetzten Mengen.*

Die Konstante K wird *Gleichgewichtskonstante* genannt. Sie ist, wie die Geschwindigkeitskonstanten, deren Quotient sie ist, zwar nicht konzentrationsabhängig, aber temperaturabhängig.

K wird vor allem für isochore Reaktionen verwendet, also für Reaktionen bei konstantem Volumen. Für Gasreaktionen wird indessen hauptsächlich mit der Gleichgewichtskonstante K_p gearbeitet, die sich ergibt, wenn sich die Geschwindigkeitskonstanten aus (3.1) und (3.2) auf Partialdrucke statt auf Konzentrationen beziehen:

$$K_p = \frac{p^2(NH_3)}{p(N_2)\, p^3(H_2)}$$

(3.7)

Der Partialdruck eines Gases in einem Gasgemisch ist das Produkt aus dem Stoffmengenanteil (Molenbruch) dieses Gases und dem Gesamtdruck:

$$p_i = x_i\, p$$

(3.8)

Temperaturabhängigkeit der Gleichgewichtskonstante. Die Gleichgewichtskonstante K ist der Quotient zweier Geschwindigkeitskonstanten $k_\rightarrow$ und $k_\leftarrow$, die nach der Arrhenius-Gleichung (2.15) von der Temperatur abhängen. Daraus folgt

$$K = \frac{A_\rightarrow}{A_\leftarrow}\, e^{\frac{E_{A\leftarrow} - E_{A\rightarrow}}{RT}}.$$

(3.9)

Die Differenz der Aktivierungsenergien von Hin- und Rückreaktion ist identisch mit der Reaktionswärme (Abb. 3.2). Bei konstantem Volumen (isochore Reaktion) wird die Reaktionswärme als *Reaktionsenergie* ΔU, bei konstantem Druck (isobare Reaktion) als *Reaktionsenthalpie* ΔH bezeichnet. Hier soll von konstantem Druck ausgegangen werden. Für isobare Gasreaktionen gelten die nun folgenden Beziehungen für K_p, für zusätzlich isochore Reaktionen z. B. in wässriger Lösung gelten sie auch für K.

Es gilt also

$$\Delta H = E_{A\rightarrow} - E_{A\leftarrow} \tag{3.10}$$

und nach Einsetzen in (3.9)

$$K = \frac{A_{\rightarrow}}{A_{\leftarrow}}\, e^{-\frac{\Delta H}{RT}}. \tag{3.11}$$

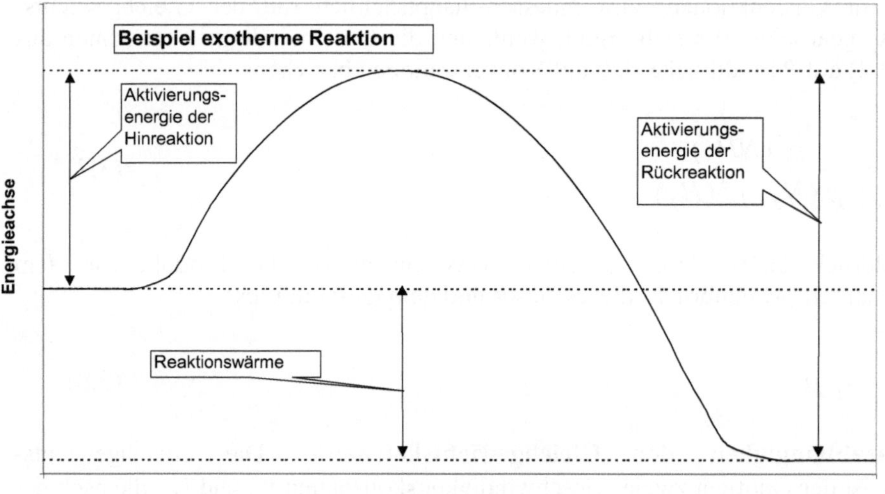

Abb. 3.2: Aktivierungsenergien und Reaktionswärme

Durch Logarithmieren folgt

$$\ln K = \ln A_{\rightarrow} - \ln A_{\leftarrow} - \frac{\Delta H}{RT} \qquad (3.12)$$

und durch Differenzieren nach $1/T$

$$\frac{d\ln K}{dT^{-1}} = -\frac{\Delta H}{R}. \qquad (3.13)$$

Dies ist eine der möglichen Formulierungen der Gleichung von Van't Hoff. Es handelt sich hierbei um eine Näherung, da bei (3.13) vorausgesetzt wird, dass ΔH temperaturunabhängig sei, was nur näherungsweise bei Betrachtung nicht allzu großer Temperaturintervalle zutrifft.

Die Van't-Hoff-Gleichung sagt aus, dass $\ln K$ und $1/T$ in einem linearen Zusammenhang stehen. Die Steigung ist $-\Delta H/R$. Diese Beziehung ermöglicht in der Physikalischen Chemie die Ermittlung von Reaktionsenthalpien durch lineare Regression aus mindestens zwei Wertepaaren $\ln K$ und $1/T$. Dies ist vor allem in den Fällen von praktischer Bedeutung, in denen die Reaktionsenthalpie so gering ist, dass sie über eine während der Reaktion erfolgenden Temperaturmessung im Kalorimeter nur unpräzise oder gar nicht bestimmt werden kann.

Ist ΔH erst einmal für eine chemische Reaktion bekannt und ebenfalls K bei einer bekannten Temperatur, so können die für andere Temperaturen geltenden Gleichgewichtskonstanten nach der Van't-Hoff-Gleichung berechnet werden. Hierfür gilt

$$\Delta \ln K = -\frac{\Delta H}{R} \Delta T^{-1} \qquad (3.14)$$

und durch weiteres Umformen

$$\ln K_{II} = \ln K_{I} - \frac{\Delta H}{R}\left(\frac{1}{T_{II}} - \frac{1}{T_{I}}\right). \qquad (3.15)$$

Die Indizes I und II stehen hier für zwei Wertepaare $[\ln K; 1/T]$.

In (3.15) wird bei Temperaturerhöhung der Klammerausdruck negativ. Für eine Reaktion, bei der Wärme frei wird, eine *exotherme Reaktion* also, ist *ΔH als negativ definiert*. Daraus folgt, dass $\ln K_{II}$ kleiner sein muss als $\ln K_I$. Das Reaktionsgleichgewicht wird also zu den Ausgangsstoffen hin verlagert. Für endotherme Reaktionen gilt das Gegenteil.

Zusammenfassend lässt sich aussagen:

> *Für eine exotherme Reaktion gilt, dass das Reaktionsgleichgewicht bei Temperaturerhöhung zu den Ausgangsstoffen hin verlagert wird.*

> *Für eine endotherme Reaktion gilt, dass das Reaktionsgleichgewicht bei Temperaturerhöhung zu den Produkten hin verlagert wird.*

Einfluss des Druckes auf die Gleichgewichtslage. Bei Gasreaktionen wird die Gleichgewichtslage in signifikanter Weise auch durch den Druck beeinflusst. Dies soll am Beispiel Ammoniaksynthese unter Verwendung von K_p gezeigt werden.

Die Abhängigkeit der Partialdrucke von den Konzentrationen lässt sich näherungsweise unter Verwendung des idealen Gasgesetzes ausdrücken:

$$p_i = \frac{n_i RT}{V} = c_i RT. \tag{3.16}$$

Hieraus folgt für das Beispiel Ammoniaksynthese

$$K_p = K \cdot \frac{1}{(RT)^2}. \tag{3.17}$$

Da K bei einer konstanten Temperatur selbst auch konzentrationsunabhängig, also konstant ist, muss nach (3.17) auch K_p konstant, also druckunabhängig sein.

Weiterhin lässt sich eine Gleichgewichtskonstante unter Verwendung von Stoffmengen-anteilen (Molenbrüchen) definieren:

$$K_x = \frac{x^2(NH_3)}{x(N_2)\, x^3(H_2)}. \tag{3.18}$$

Für das hier besprochene Beispiel der Ammoniaksynthese gilt dann mit (3.8):

$$K_x = K_p \cdot p^2. \tag{3.19}$$

Bei konstanter Temperatur ist, wie oben gezeigt, K_p druckunabhängig; K_x ist dann direkt proportional zu p^2. Mit steigendem Druck bewirkt man also eine verstärkte Umsetzung von Stickstoff und Wasserstoff zu Ammoniak.

Für den allgemeinen Fall gilt:

$$K_x = K_p \cdot p^{\Sigma A - \Sigma P}. \tag{3.20}$$

Hierbei bedeuten ΣA und ΣP die Summen der stöchiometrischen Koeffizienten von Ausgangsstoffen bzw. Produkten.

Ist ΣA größer als ΣP, so wird der Exponent positiv und K_x nimmt mit steigendem Druck zu.

Es lässt sich allgemein formulieren:

> *Nimmt bei einer Gasreaktion die Zahl der Moleküle ab, so wird das Gleichgewicht bei Druckerhöhung zu den Produkten hin verschoben.*

> *Nimmt bei einer Gasreaktion die Zahl der Moleküle zu, so wird das Gleichgewicht bei Druckerhöhung zu den Ausgangsstoffen hin verschoben.*

Dies ist ein Beispiel für das *Prinzip des kleinsten Zwanges* von Le Chatelier, wonach ein System auf einen äußeren Zwang reagiert, indem es diesem Zwang auszuweichen sucht.

Zusammenhang zwischen dem Gleichgewicht und den thermodynamischen Standardgrößen. Sowohl Lage als auch Temperaturabhängigkeit des chemischen Gleichgewichtes sind mathematisch mit den thermodynamischen Standardgrößen verknüpft, die für viele Stoffe tabelliert sind.

Als Maß für die Affinität einer chemischen Reaktion unter isobaren Bedingungen ist die *freie Reaktionsenthalpie* ΔG entsprechend der Gibbs-Gleichung definiert:

$$\Delta G = \Delta H - T\Delta S. \tag{3.21}$$

ΔS ist hierbei die *Reaktionsentropie*, ein Maß für die Zunahme der molekularen Unordnung bei einer chemischen Reaktion.

ΔG kann aus einer für eine bestimmte Temperatur geltenden Gleichgewichtskonstante K_p entsprechend

$$\Delta G = -RT \ln K_p \qquad (3.22)$$

berechnet werden. Dieser ΔG-Wert gilt dann freilich nur für die betreffende Temperatur.

Ebenfalls ermöglichen derartige, für bestimmte Reaktionen tabellierte und temperatur-bezogene ΔG-Werte die Berechnung der Gleichgewichtskonstante K_p durch Auflösung von (3.22) nach K_p:

$$K_p = e^{-\frac{\Delta G}{RT}}. \qquad (3.23)$$

Aus (3.22) folgt auch

$$\ln K_p = -\frac{\Delta G}{RT} \qquad (3.24)$$

und mit (3.21) ergibt sich folgende Geradengleichung:

$$\ln K_p = -\frac{\Delta H}{R} \cdot \frac{1}{T} + \frac{\Delta S}{R}. \qquad (3.25)$$

Die lineare Regression einer Reihe von Wertepaaren $[1/T; \ln K_p]$ ergibt eine Funktion mit der Steigung $\Delta H/R$ und dem Achsenabschnitt $\Delta S/R$. Der Ausdruck für die Steigung ergibt sich auch aus (3.13). Mit Hilfe eines auf diese Weise bestimmten Wertes für den Achsenabschnitt kann ΔS ermittelt werden. Es sei an dieser Stelle darauf hingewiesen, dass sowohl ΔH als auch ΔS eine eigene Temperaturabhängigkeit aufweisen und die Ermittlung von ΔS auf diesem einfachen Wege nur eine Näherung darstellen kann. Bei konstantem Druck gelten folgende Beziehungen:

$$\frac{\partial \Delta G}{\partial T} = -\Delta S; \quad \frac{\partial \Delta H}{\partial T} = \Delta C_p; \quad \frac{\partial \Delta S}{\partial T} = -\frac{\Delta C_p + \Delta S}{T^2}. \qquad (3.26-28)$$

Aktive Konzentration und Aktivitätskoeffizient. Insbesondere bei hohen Konzentrationen ionischer Stoffe wird beobachtet, dass nur ein Teil der vorhandenen Teilchen eines Stoffes an chemischen Reaktionsgleichgewichten beteiligt ist. Die Konzentration dieser chemisch aktiven Stoffmenge wird aktive Konzentration oder kurz Aktivität genannt. In einer Lösung vorliegende Aktivitäten sind relativ einfach zu bestimmen, wenn geeignete elektrochemische Halbzellen zur Verfügung stehen (vgl. Kap. 3.5 und Kap. 4). Für ein Redoxsystem, das aus der zu bestimmenden Spezies und einem unlöslichem Feststoff, z. B. einem Metall besteht, gibt dann die folgende Form der Nernst-Gleichung den Zusammenhang zwischen der vorliegenden Aktivität a, dem tabellierten Standardpotential $E°$ und dem gemessenen Nernst-Potential E wieder:

$$E(Red \, / \, Ox^{z+}) = E°(Red \, / \, Ox^{z+}) + \frac{59 \, \text{mV}}{z} \cdot \lg a(Ox^{z+}) \qquad (3.29)$$

für die Redoxreaktion　$Red \rightarrow Ox^{z+} + z\,e^-$.

Nach Auflösen für die Berechnung der Aktivität erhält man

$$\lg a(Ox^{z+}) = \frac{z}{59 \, \text{mV}} \cdot [E(Red \, / \, Ox^{z+}) - E°(Red \, / \, Ox^{z+})]. \qquad (3.30)$$

Der Zusammenhang mit der Konzentration wird durch den Aktivitätskoeffizienten f gegeben:

$$a = f \cdot c . \qquad (3.31)$$

Da a im Allgemeinen zwischen 0 und c liegt, nimmt f in diesen Fällen Werte zwischen 0 und 1 an. Bei sehr verdünnten Lösungen liegt f nahe bei 1, bei konzentrierteren Lösungen deutlich niedriger, und bei sehr konzentrierten Lösungen durchläuft f ein Minimum und steigt dann wieder an.

Eine Proportionalität zwischen a und c liegt nur in eingeschränktem Ausmaße vor, da der Wert f_i eines Stoffes von den Konzentrationen c_i sämtlicher gelöster Stoffe und gegebenenfalls von deren Ionenladungen z_i abhängt. Zur besseren Beschreibung dieser Abhängigkeit wird bezüglich ionischer Stoffe die Ionenstärke μ herangezogen:

$$\mu = \frac{1}{2} \sum_i c_i \, z_i^2 . \qquad (3.32)$$

Nach der Debye-Hückel-Theorie gilt bei Betrachtung einer Ionensorte i für die Berechnung des Wertes f_i:

$$\lg f_i = -\frac{A \, z_i^2 \sqrt{\mu}}{1 + B \, C_i \sqrt{\mu}} . \qquad (3.33)$$

Hierbei gelten in einem Temperaturbereich von 20 bis 25 °C folgende Werte für die Parameter A und B: $A = 0{,}51$; $B = 0{,}33$. C_i hängt von der Ionenart ab, folgende Werte wurden empirisch ermittelt [1]:

Tab. 3.1: Ionenparameter C_i

Kationen	Anionen	C_i
NH_4^+, K^+	Cl^-, NO_3^-	3,0
---	OH^-, MnO_4^-	3,5
Na^+	SO_4^{2-}, PO_4^{3-}, HCO_3^-	4,0
---	CO_3^{2-}	4,5
Ca^{2+}	---	6,0
Mg^{2+}	---	8,0
H_3O^+, Al^{3+}, Fe^{3+}	---	9,0

Abschließend ist anzumerken, dass (3.33) für Konzentrationen oberhalb von 0,1 mol/l nur noch sehr eingeschränkt gilt.

Rechenbeispiele.

Beispiel 3.1: Berechnung der verschiedenen Gleichgewichtskonstanten aus Standardgrößen

Es soll die Bildung von Ammoniak aus den Elementen betrachtet werden:

$$N_2 + 3\,H_2 \rightarrow 2\,NH_3.$$

Hinweis: Das Zeichen ° bei der Verwendung von Standardgrößen zeigt an, dass die angegebenen Größen unter Standardbedingungen gelten:

$$\theta = 25\ °C \text{ und } p = 1\ atm = 1{,}013\ bar.$$

Die Standardreaktionsenthalpie $\Delta H°$ ergibt sich als Summe der Standardbildungsenthalpien, die für die Bildung der Produkte aus den Elementen ermittelt worden ist, abzüglich der Standardbildungsenthalpien der Ausgangsstoffe. Die Standardbildungsenthalpie von Ammoniak ist mit – 46 kJ/mol [2] tabelliert, die Standardbildungsenthalpien von elementarem Stickstoff und Wasserstoff sind jeweils definitionsgemäß Null. Die Standardreaktionsenthalpie für die Ammoniakbildung beträgt somit

$$\Delta H° = 2 \cdot (- 46)\ kJ/mol = - 92\ kJ/mol.$$

Die Standardreaktionsentropie $\Delta S°$ wird entsprechend $\Delta H°$ berechnet, indem man die Standardentropien der Produkte addiert und die der Ausgangsstoffe subtrahiert. Für die beteiligten Stoffe sind folgende Entropien angegeben:

$$S° (NH_3) = 192\ J/(mol \cdot K);\ S° (N_2) = 192\ J/(mol \cdot K);$$

$$S° (H_2) = 131\ J/(mol \cdot K).$$

Es folgt: $\Delta S° = (2 \cdot 192 - 192 - 3 \cdot 131)\ J/(mol \cdot K) = - 201\ J/(mol \cdot K).$

Aus diesen Größen ergibt sich $\Delta G°$ nach (3.21), wobei für T die Kelvin-Temperatur eingesetzt werden muss:

$$\theta = 25\ °C \Rightarrow T = (25 + 273{,}15)\ K = 298{,}15\ K;$$

$$\Delta G° = - 92\ kJ/mol - 298{,}15\ K \cdot (- 201)\ J/(mol \cdot K) = - 32{,}1\ kJ/mol.$$

$\Delta G°$ kann auch analog zu $\Delta H°$ aus tabellierten Werten der beteiligten Stoffe errechnet werden. Die freie Standardbildungsenthalpie von Ammoniak ist mit - 16 kJ/mol tabelliert. Es folgt:

$$\Delta G° = 2 \cdot (- 16)kJ/mol = - 32\ kJ/mol.$$

Die Gleichgewichtskonstante K_p folgt aus $\Delta G° = - 32{,}1$ kJ/mol und (3.23) zu einem Wert von $4{,}2 \cdot 10^5$ bar^{-2}.

Nach (3.17) kann hieraus K berechnet werden: $26 \cdot 10^7\ l^2 \cdot mol^{-2}$.

Aus (3.19) ergibt sich dann: $K_x = 4{,}3 \cdot 10^5$.

Beispiel 3.2: Gleichgewichtseinstellung

Welche Stoffmengen Stickstoff und Wasserstoff entstünden bei der Zerfallsreaktion von 1 mol reinem Ammoniak unter Standardbedingungen, wenn sich ein Gleichgewichtszustand ausbilden würde, was jedoch nur sehr langsam geschieht?

Zu jedem Zeitpunkt der Reaktion gelten für die Stoffmengenanteile folgende Aussagen:

$$x(NH_3) + x(N_2) + x(H_2) = 1; \qquad x(H_2) = 3\, x(N_2)$$

$$\Rightarrow \qquad x(NH_3) = 1 - 4\, x(N_2).$$

Im Gleichgewicht gilt also entsprechend (3.18):

$$K_x = \frac{[1 - 4x(N_2)]^2}{27 x^4 (N_2)}.$$

Durch Radizieren erhält man eine gemischt-quadratische Gleichung mit genau einer positiven Lösung für $x(N_2)$, aus der sich dann die anderen Stoffmengenanteile ergeben:

$$x(N_2) = 0{,}0166;$$

$$x(H_2) = 3 \cdot 0{,}0166 = 0{,}0498;$$

$$x(NH_3) = 1 - 0{,}0166 - 0{,}0498 = 0{,}934.$$

Bei chemischen Reaktionen, die ohne Änderung der Gesamtstoffmenge ablaufen, ergibt eine Multiplikation dieser Werte mit der bekannten Gesamtstoffmenge die einzelnen Stoffmengen im Gleichgewichtszustand. Bei dem hier behandelten Zerfall des Ammoniaks ändert sich jedoch die Gesamtstoffmenge laut Reaktionsgleichung. Die Einzelstoffmengen müssen also anders berechnet werden.

Eine Möglichkeit ist die Berechnung über den anteiligen Rest des nicht umgesetzten Ammoniak-Stickstoffs, bezogen auf den gesamten Stickstoff:

$$\frac{x(NH_3)}{x(NH_3) + 2x(N_2)} = \frac{0{,}934}{0{,}934 + 2 \cdot 0{,}0166} = 0{,}966.$$

Ausgehend von einer eingesetzten Stoffmenge von 1 mol Ammoniak werden fernerhin die im Gleichgewichtszustand vorliegenden Stoffmengen der einzelnen Stoffe berechnet:

$$n(NH_3) = 0{,}966 \cdot 1\ \text{mol} = 0{,}966\ \text{mol};$$

$$n(N_2) = (1\ \text{mol} - 0{,}966\ \text{mol}) / 2 = 0{,}0170\ \text{mol};$$

$$n(H_2) = 3 \cdot 0{,}0170\ \text{mol} = 0{,}0510\ \text{mol}.$$

Die Gesamtstoffmenge im Gleichgewichtszustand beträgt dann 1,034 mol und ist somit um 3,4% größer als zu Beginn der Reaktion. Demnach steigt das Reaktionsvolumen auf 25,3 l an, weil das Molvolumen eines idealen Gases unter Standardbedingungen 24,5 l beträgt. Das Reaktionsvolumen lässt sich auch nach dem idealen Gasgesetz (3.16) oder über die Einzelstoffmengen und die Gleichgewichtskonstante K nach (3.6) ermitteln.

In dem hier aufgeführten Beispiel liegen nach Gleichgewichtseinstellung 96,6% des Stickstoffs als Ammoniak-Stickstoff vor. Eine solche Ausbeute ist bei der Reaktion der Elemente zu Ammoniak unter Standardbedingungen unrealistisch, da die Reaktion übermäßig langsam abläuft.

Beispiel 3.3: Dosierung von Reaktionsteilnehmern und chemisches Gleichgewicht

Zu dem System im Beispiel 3.2 wird nach Einstellung des Gleichgewichtes 0,1 mol Wasserstoff hinzugegeben. Welche Gleichgewichtslage würde sich anschließend einstellen?

Die Ausgangssituation des Systems ist dann gekennzeichnet durch eine Gesamtstoffmenge von 1,134 mol und ein daraus folgendes Gesamtvolumen von 27,8 l. Wenn z die abreagierte Stoffmenge an elementarem Stickstoff ist, dann gilt folgende Beziehung:

$$K_x = \frac{(0{,}966 \text{ mol} + 2z)^{2}}{(0{,}0170 \text{ mol} - z)(0{,}1510 \text{ mol} - 3z)^{3}} \, (1{,}134 \text{ mol} - 2z)^{2} = 4{,}3 \cdot 10^{5}.$$

Diese Gleichung hat für z die sinnvolle Lösung 0,0147 mol. Hieraus folgen die Stoffmengen für den Gleichgewichtszustand:

$$n(NH_3) = 0{,}966 \text{ mol} + 2 \cdot 0{,}0147 \text{ mol} = 0{,}995 \text{ mol};$$

$$n(N_2) = 0{,}0170 \text{ mol} - 0{,}0147 \text{ mol} = 0{,}0023 \text{ mol};$$

$$n(H_2) = 0{,}151 \text{ mol} - 3 \cdot 0{,}0147 \text{ mol} = 0{,}107 \text{ mol}.$$

Die Gesamtstoffmenge beträgt dann 1,104 mol und das Reaktionsvolumen 27,0 l. Der Anteil des Ammoniak-Stickstoffs am gesamten Stickstoff wird analog zu vorigem Beispiel berechnet, wobei im Gegensatz zu dort diesmal der Einfachheit halber die Stoffmengen verwendet werden können:

$$\frac{n(NH_3)}{n(NH_3) + 2n(N_2)} = \frac{0{,}995}{0{,}995 + 2 \cdot 0{,}0023} = 0{,}995.$$

99,5% des gesamten Stickstoffs liegen also als Ammoniak-Stickstoff vor.

Beispiel 3.4: Einfluss der Temperatur auf das chemische Gleichgewicht

Das Haber-Bosch-Verfahren für die Synthese von Ammoniak aus den Elementen erfolgt mit Hilfe von Katalysatoren, die eine ausreichend hohe Reaktionsgeschwindigkeit ermöglichen. Diese zeigen aber nur oberhalb einer Temperatur von etwa 500 °C eine optimale Wirkung. Welche Gleichgewichtslage stellt sich bei dieser Temperatur unter 1,013 bar Standarddruck ein, wenn von dem Gleichgewicht im Beispiel 3.2 ausgegangen wird?

Nach der Van't-Hoff-Gleichung in der Form (3.15) kann K_p berechnet werden, nach (3.19) ergibt sich dann K_x:

$$K_p = 5{,}3 \cdot 10^{-5}\, \text{bar}^{-2}; \quad K_x = 5{,}4 \cdot 10^{-5}.$$

Für den neuen K_x-Wert erhält man entsprechend der oben schon beschriebenen Berechnung folgende Stoffmengenanteile:

$$x(N_2) = 0{,}249406;$$

$$x(H_2) = 0{,}748218;$$

$$x(NH_3) = 2{,}38 \cdot 10^{-3}.$$

Der Anteil des Ammoniak-Stickstoffs am gesamten Stickstoff ist dann sehr gering:

$$\frac{x(NH_3)}{x(NH_3) + 2x(N_2)} = \frac{2{,}38 \cdot 10^{-3}}{2{,}38 \cdot 10^{-3} + 2 \cdot 0{,}249406} = 4{,}75 \cdot 10^{-3}.$$

Dieses Ergebnis bedeutet auch den Anteil Ammoniak an der höchstmöglichen Stoffmenge 1 mol. Folgende Stoffmengen liegen also vor:

$$n(NH_3) = 4{,}75 \cdot 10^{-3} \cdot 1\,\text{mol} = 4{,}75 \cdot 10^{-3}\,\text{mol};$$

$$n(N_2) = (1\,\text{mol} - 4{,}75 \cdot 10^{-3}\,\text{mol}) / 2 = 0{,}498\,\text{mol};$$

$$n(H_2) = 3 \cdot 0{,}498\,\text{mol} = 1{,}49\,\text{mol}.$$

Die Gesamtstoffmenge beträgt dann 1,99 mol, das Reaktionsvolumen erreicht 127 l. Die Ausbeute des Verfahrens ist der prozentual ausgedrückte Anteil des Ammoniak-Stickstoffs am gesamten Stickstoff, also 0,475%.

Beispiel 3.5: Auswirkung des Druckes auf die Ausbeute

Die äußerst geringe Ausbeute des Verfahrens bei Standarddruck kann durch Druckerhöhung verbessert werden. Beim Haber-Bosch-Verfahren liegt ein Druck von etwa 350 bar vor. Die Temperatur liegt bei 500 °C. Wie sieht der Gleichgewichtszustand dann aus?

Für K_p wird von einem Wert von $5,3 \cdot 10^{-5}$ bar $^{-2}$ ausgegangen. Entsprechend (3.19) folgt daraus: $K_x = 6,5$. Analog zu den bereits besprochenen Beispielen erhält man folgende Stoffmengenanteile:

$$x(N_2) = 0,163;$$

$$x(H_2) = 0,489;$$

$$x(NH_3) = 0,348.$$

Für den Anteil des Ammoniak-Stickstoffs folgt:

$$\frac{x(NH_3)}{x(NH_3) + 2x(N_2)} = \frac{0,348}{0,348 + 2 \cdot 0,163} = 0,516.$$

Daraus können wieder die Stoffmengen errechnet werden:

$$n(NH_3) = 0,516 \cdot 1 \text{ mol} = 0,516 \text{ mol};$$

$$n(N_2) = (1 \text{ mol} - 0,516 \text{ mol}) / 2 = 0,242 \text{ mol};$$

$$n(H_2) = 3 \cdot 0,242 \text{ mol} = 0,726 \text{ mol}.$$

Die Gesamtstoffmenge beträgt dann 1,484 mol, das von dieser Stoffmenge benötigte Reaktionsvolumen umfasst 0,27 l; es wird eine Ausbeute von 51,6% erzielt. Praktisch erreichbar wird diese Ausbeute nur durch geeignete Katalysatoren, die eine ausreichend hohe Reaktionsgeschwindigkeit bewirken. Außerdem wird in der Praxis Ammoniak ständig ausgewaschen und somit aus dem Gleichgewicht entfernt, so dass man praktisch 100% Ausbeute erzielen kann.

Beispiel 3.6: Berechnung der Aktivitäten nach der aus der Debye-Hückel-Theorie abgeleiteten Gleichung

Eine Calciumhydrogencarbonatlösung mit der Konzentration 0,05 mol/l liegt vor. Gesucht sind die Aktivitäten von Calcium- und Hydrogencarbonationen. Zunächst wird die Ionenstärke nach (3.32) berechnet:

$$\mu = \frac{1}{2}\,(0{,}05 \text{ mol/l} \cdot 4 + 0{,}1 \text{ mol/l} \cdot 1) = 0{,}15 \text{ mol/l}.$$

Die Konzentrationen von H_3O^+ und OH^- liegen hier unter 10^{-5} mol/l und sind daher vernachlässigbar gering.

Für Calciumionen ergibt sich aus (3.33) der Aktivitätskoeffizient:

$$\lg f(Ca^{2+}) = -\frac{0{,}51 \cdot 4 \cdot \sqrt{0{,}15}}{1 + 0{,}33 \cdot 6 \cdot \sqrt{0{,}15}} = -0{,}447;$$

$$f(Ca^{2+}) = 0{,}357.$$

Für Hydrogencarbonationen ergibt sich analog:

$$\lg f(HCO_3^{-}) = -\frac{0{,}51 \cdot 1 \cdot \sqrt{0{,}15}}{1 + 0{,}33 \cdot 4 \cdot \sqrt{0{,}15}} = -0{,}131;$$

$$f(HCO_3^{-}) = 0{,}740.$$

Die Aktivitäten lauten dann nach (3.31) für Calcium 0,018 mol/l und für Hydrogencarbonat 0,074 mol/l.

3.2 Löslichkeit und Fällung

Löslichkeit. Eine Lösung, die sich im Gleichgewicht mit einem ungelösten Bodensatz befindet, wird als *gesättigte Lösung* bezeichnet. Ist die Konzentration des gelösten Stoffes geringer, als sie im Gleichgewichtszustand sein müsste, so redet man von einer *ungesättigten Lösung.* Auch der umgekehrte Fall ist möglich, in dem der Gehalt an gelöstem Stoff höher ist als im Gleichgewichtszustand: die *übersättigte Lösung,* die eine mehr oder weniger schnell ablaufende *Fällung* zur Folge hat.

Die in einer gesättigten Lösung vorliegende Konzentration einer Teilchenart, sei es ein Molekül oder ein Ion, wird als *Sättigungskonzentration* c_S bezeichnet. Die Sättigungskonzentration eines elektrisch neutralen Stoffes, sei es eine ionische oder kovalente Verbindung, ist die *Löslichkeit L*. Beide Größen haben die Dimension einer Stoffmengenkonzentration, angegeben z. B. in mol/l, wenngleich manchmal auch eine Massenkonzentration, z. B. in g/l als Löslichkeit bezeichnet wird. Wichtig ist hier also die ausdrückliche Angabe der verwendeten Einheit.

Beispiel 3.7: Im Tabellenwerk [3] findet man für Natriumchlorid die Angabe LW 20° 26,5%. Hiermit ist die Löslichkeit in Wasser bei 20 °C gemeint, angegeben als Massenanteil in %. Diese ließe sich auch als 265 g/kg angeben. Da die Dichte einer gesättigten Kochsalzlösung 1,20 g/cm^3 beträgt, erhält man eine Massenkonzentration von 318 g/l.

Die Umrechnung in eine Stoffmengenkonzentration erfolgt durch Division durch die Molmasse:

$$L = c_S = \frac{\beta_S}{M} = \frac{318 \text{ g/l}}{58,44 \text{ g/mol}} = 5{,}44 \text{ mol/l.}$$

Löslichkeitsprodukt. Liegen in einer Lösung mehrere gelöste Stoffe vor, so können dadurch die einzelnen Löslichkeiten steigen oder sinken. Die Löslichkeit von elementarem Iod in Wasser steigt stark an, wenn in dem Wasser z. B. Kaliumiodid gelöst wird, da in diesem Falle I_3^- gebildet wird. Meist sinken jedoch die Löslichkeiten mit zunehmender Anzahl der Stoffe. Für kovalente Stoffe sind die Gesetzmäßigkeiten hierfür sehr kompliziert, für ionische Stoffe (Salze) schon sehr viel einfacher. Die Löslichkeiten zweier Salze werden nämlich dadurch begrenzt, dass das Kation des einen Salzes mit dem Anion des anderen möglicherweise einen Niederschlag zu bilden vermag. Diese chemische Reaktion wird als *Fällungsreaktion* bezeichnet. Damit die Möglichkeit einer Fällungsreaktion und ihre Auswirkung auf die Löslichkeit von Salzen rechnerisch erfasst werden kann, wurde ausgehend vom Massenwirkungsgesetz das *Löslichkeitsprodukt K_L* definiert:

$$K_L = c_S{}^i(A)\, c_S{}^k(B) \qquad \text{für ein Salz} \quad A_i B_k. \tag{3.34}$$

Die Einheit des Löslichkeitsproduktes lautet mol/l, potenziert mit der Gesamtzahl der in der Formeleinheit enthaltenen Ionen. Die in Tabellen aufgeführten Werte beziehen sich stets auf eine bestimmte Temperatur, oft 25 °C (298,15 K). Wird das Löslichkeitsprodukt benötigt, das bei einer anderen Temperatur gilt, dann kann nach der Gleichung von Van't Hoff (3.13) umgerechnet werden. Das Löslichkeitsprodukt kann auch als „potentia"-Ausdruck pK_L angegeben werden. Für solche Ausdrücke gilt allgemein $p \equiv -lg$.

Berechnungen zum Löslichkeitsprodukt. Das Löslichkeitsprodukt kann aus der Löslichkeit eines Salzes berechnet werden, indem man zunächst den Zusammenhang zwischen den Sättigungskonzentrationen der Ionenarten und der Löslichkeit des Salzes formuliert:

$$c_S(A) = i\, L\,(A_i B_k) \quad \text{und} \quad c_S(B) = k\, L\,(A_i B_k). \qquad (3.35-36)$$

Durch Einsetzen in (3.34) erhält man

$$K_L = i^{\,i}\, k^{\,k}\, L^{\,i+k}. \qquad (3.37)$$

Durch Auflösen nach L ergibt sich eine Gleichung zur Umrechnung eines Löslichkeitsproduktes in die Löslichkeit:

$$L = \sqrt[i+k]{\frac{K_L}{i^{\,i}\, k^{\,k}}}. \qquad (3.38)$$

Beispiel 3.8: Für Silberchromat Ag_2CrO_4 findet sich in einer Tabelle [4] für K_L die Angabe $1{,}9 \cdot 10^{-12}$ $mol^3 l^{-3}$. Nach (3.38) kann nun die Löslichkeit dieses Salzes berechnet werden:

$$L = \sqrt[2+1]{\frac{1{,}9 \cdot 10^{-12}\ mol^3 \cdot l^{-3}}{2^{\,2} \cdot 1^{\,1}}}$$

$$= \sqrt[3]{\frac{1{,}9 \cdot 10^{-12}\ mol^3 \cdot l^{-3}}{4}} = 7{,}8 \cdot 10^{-5}\ mol/l.$$

Fällungsdiagramm. Im Massenwirkungsgesetz enthaltene Größen sind durch Multiplikation oder Division miteinander verknüpft. In einer doppelt-logarithmischen graphischen Darstellung erhält man daher lineare Kurvenverläufe, die einerseits leicht zu konstruieren sind, andererseits der Veranschaulichung der thermodynamischen Sachverhalte dienen. Solche Darstellungen werden bisweilen als *Hägg-Diagramme* bezeichnet [5].

Im Folgenden soll ein Hägg-Diagramm für eine Fällungsreaktion aufgestellt werden, ein sogenanntes *Fällungsdiagramm*. Ausgehend von (3.34) wird hierzu für Kationen und für Anionen jeweils die mathematische Gleichung für den gesättigten Zustand aufgestellt:

$$\lg K_L = i \lg c_S(A) + k \lg c_S(B), \tag{3.39}$$

$$\text{für Kationen}: \quad \lg c_S(A) = \frac{k}{i}\,\mathrm{p}B - \frac{1}{i}\,\mathrm{p}K_L;$$

$$\text{für Anionen}: \quad \lg c_S(B) = \frac{i}{k}\,\mathrm{p}A - \frac{1}{k}\,\mathrm{p}K_L.$$

Die graphische Auftragung einer solchen Geradengleichung wird als *Fällungsgerade* bezeichnet. Als *Beispiel 3.9* wird nun die Fällungsgerade von Eisen(III)-hydroxid berechnet und konstruiert. Hierbei interessiert die Abhängigkeit der Eisen(III)-Konzentration von der Hydroxid-Konzentration im gesättigten Zustand. Also wird die Gleichung (3.39) für Kationen wird herangezogen und für das vorliegende Beispiel präzisiert:

$$\lg c_S(Fe^{3+}) = 3\,\mathrm{p}OH - \mathrm{p}K_L.$$

Entsprechend Kap. 3.4 ist unter Standardbedingungen $\mathrm{p}OH = 14{,}0 - \mathrm{pH}$, während K_L in einer Tabelle [4] zu einem Wert von $6 \cdot 10^{-38}\ \mathrm{mol^4 l^{-4}}$ gefunden werden kann, so dass ein $\mathrm{p}K_L$-Wert von 37,2 vorliegt.

Es folgt eine einfache lineare Abhängigkeit zwischen Eisen(III)-Konzentration und pH-Wert:

$$\lg c_S(Fe^{3+}) = 42{,}0 - 3\,\mathrm{p}H - 37{,}2$$
$$= 4{,}8 - 3\,\mathrm{p}H.$$

Man erhält folgendes Fällungsdiagramm:

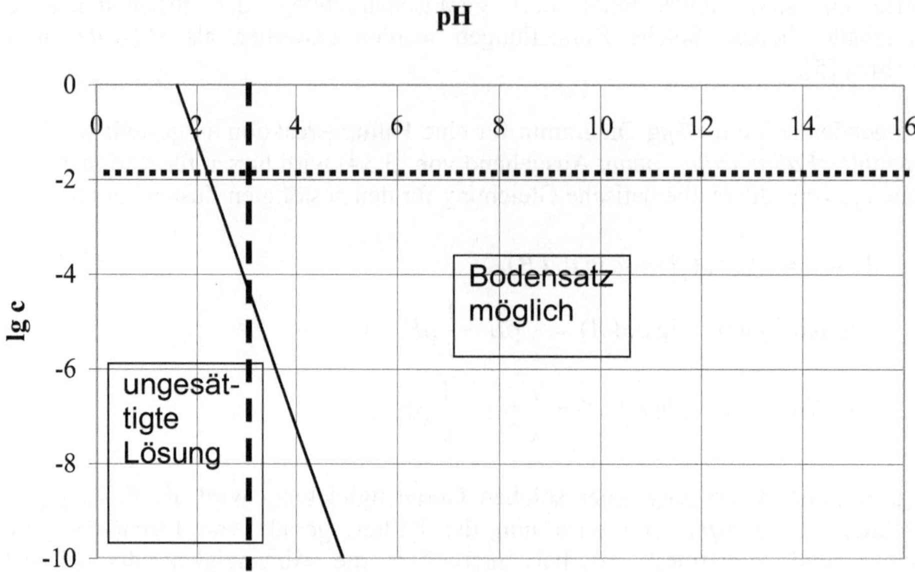

Abb.3.3: Fällungsdiagramm Eisen(III)-hydroxid

Die durchgezogene Linie ist hier die Fällungsgerade. Oberhalb dieser Geraden ist die Lösung gesättigt, so dass ein Bodensatz vorliegen könnte, oder sie ist sogar übersättigt, so dass ein Niederschlag ausfallen dürfte. Unterhalb der Fällungsgeraden liegt stets eine ungesättigte Lösung vor.

Die gestrichelte Linie kennzeichnet z. B. pH 3; der Schnittpunkt dieser Hilfslinie mit der Fällungsgeraden lässt erkennen, dass die bei diesem pH-Wert mögliche Sättigungskonzentration der Eisen(III)-Ionen unter 10^{-4} mol/l liegen muss, dass Eisen(III) hier also schwerlöslich ist.

Die gepunktete Linie stellt den Fall einer Eisen(III)-Konzentration von 0,01 mol/l dar; diese Linie schneidet die Fällungsgerade bei einem pH-Wert oberhalb von 2, so dass bei pH 2 eine ungesättigte Lösung vorliegt.

Anwendungen in der Analytik.

Beispiel 3.10: Fraktionierte Fällung von Silberhalogeniden

Chlorid, Bromid und Iodid können mit Hilfe von Silbernitratlösung als Silberhalogenide gefällt werden, wobei die Fällungsreaktionen wegen der verschiedenen Löslichkeitsprodukte nacheinander beginnen.

Die Fällung eines schwerlöslichen Stoffes gilt in der Analytik dann als *quantitative Fällung,* wenn die in der Lösung zurückbleibende Stoffmenge vernachlässigbar gering ist, z. B. weniger als ein Prozent der Gesamtstoffmenge. Beginnt die Fällung eines Silberhalogenids erst dann, wenn das zuvor ausfallende Silberhalogenid quantitativ ausgefallen ist, dann lassen sich die Halogenide also auf diese Weise voneinander quantitativ trennen und dabei titrimetrisch oder anschließend gravimetrisch bestimmen. Eine solche Trennung wird auch als *fraktionierte Fällung* bezeichnet.

Ob eine fraktionierte Fällung möglich ist, hängt von den Löslichkeitsprodukten der auszufällenden Salze sowie von den Konzentrationen der zuvor in Lösung vorliegenden und zu bestimmenden Ionen ab. Ein Fällungsdiagramm kann den Sachverhalt veranschaulichen. Hierzu wird die Gleichung (3.39) in der für Anionen geeigneten Form herangezogen und für die einzelnen Silberhalogenide jeweils präzisiert; die hier verwendeten K_L-Werte stammen aus [2]:

$$\lg c_S (AgCl) = \mathrm{p}Ag - 9{,}7;$$

$$\lg c_S (AgBr) = \mathrm{p}Ag - 12{,}3;$$

$$\lg c_S (AgI) = \mathrm{p}Ag - 16{,}1.$$

Im Fällungsdiagramm werden drei parallele Geraden erhalten, die diesen Geradengleichungen entsprechen. Die Fläche, die die ungesättigte Lösung kennzeichnet, befindet sich wie im vorigen Beispiel jeweils unterhalb der jeweiligen Geraden. Wegen der positiven Steigung findet man die Fläche allerdings auf der rechten Seite, während bei der Auftragung $\lg c(Fe^{3+})$ über pH diese Fläche auf der linken Seite zu finden war.

Das Diagramm wird nachstehend dahingehend interpretiert, auf welche Weise die durch die drei Geraden symbolisierten Fällungsreaktionen sich gegenseitig beeinflussen.

Liegen konkrete Konzentrationen von Halogenidionen vor, so ergeben sich hieraus für die jeweils anderen Ionen Konzentrationsbereiche, für die eine quantitative Trennung möglich ist. Liegen z. B. Iodid und Chlorid in einer Konzentration von jeweils 0,01 mol/l vor, so ergibt sich eine Situation, die im Fällungsdiagramm mit Hilfe der Pfeile verdeutlicht werden soll.

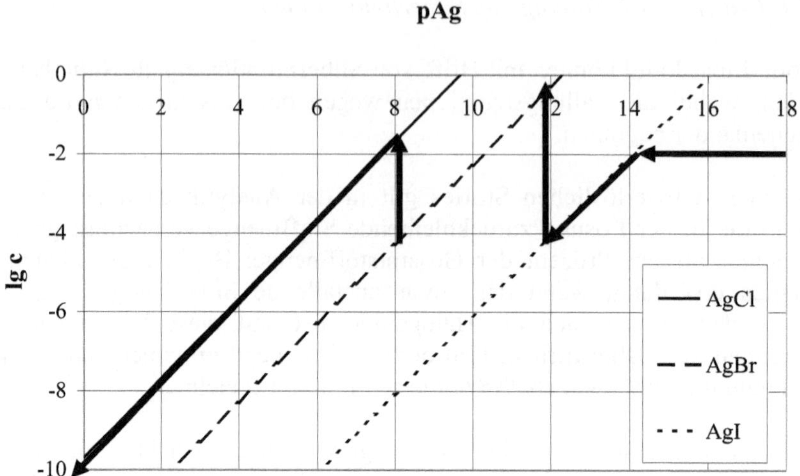

Abb. 3.4: Fällungsdiagramm Silberhalogenide

Die Iodidkonzentration von 0,01 mol/l (lg c = -2) bleibt auch bei Zugabe von Silbernitratlösung so lange konstant, bis ein pAg-Wert von 14,1 erreicht worden ist. Dann beginnt Silberiodid auszufallen. Bei lg c = -4 ist nur noch 1% der ursprünglichen Stoffmenge in Lösung, so dass eine quantitative Fällung des Iodides vorliegt. Frühestens bei diesem pAg-Wert darf die Fällung des Bromides beginnen, also darf lg c für Bromid zu Beginn der Fällung höchstens –0,2 betragen.

Die Fällung des Chlorides startet etwa bei pAg = 7,7; lg c von Bromid kann hier aber noch –4,6 betragen. Da die Fällung des Bromides hier bereits quantitativ abgelaufen sein soll, muss die ursprüngliche Bromidkonzentration um den Faktor Hundert höher gewesen sein, also lg c = -2,6.

Für die Bromidkonzentration ergibt sich ein Bereich von 0,0025 mol/l bis 0,63 mol/l. Enthält die Probe Bromid in einer Konzentration, die in diesem Bereich liegt, so können die drei Halogenidionen quantitativ voneinander getrennt werden.

Beispiel 3.11: Konkurrierende Fällungsreaktionen

Bei einigen analytischen Verfahren konkurrieren zwei oder mehr Fällungsreaktionen miteinander. Bei der fällungstitrimetrischen Chloridbestimmung nach Mohr z. B. reagieren die in der Titersubstanz Silbernitrat enthaltenen Silberionen zunächst mit den zu bestimmenden Chloridionen zu einem weißen Niederschlag von Silberchlorid. Später, zur Anzeige des Äquivalenzpunktes, reagieren die Silberionen auch mit den

Chromationen des Indikators Kaliumchromat, wobei die vorliegende Suspension schlagartig einen rotbraunen Farbton erhält. Die Chromatkonzentration zu Beginn des Analysenverfahrens muss nun aber so gewählt werden, dass die Reaktion der Chromationen erst nach dem Äquivalenzpunkt einsetzt. Hierfür ist es nützlich, das Fällungsdiagramm für Silberchlorid und Silberchromat zu betrachten.

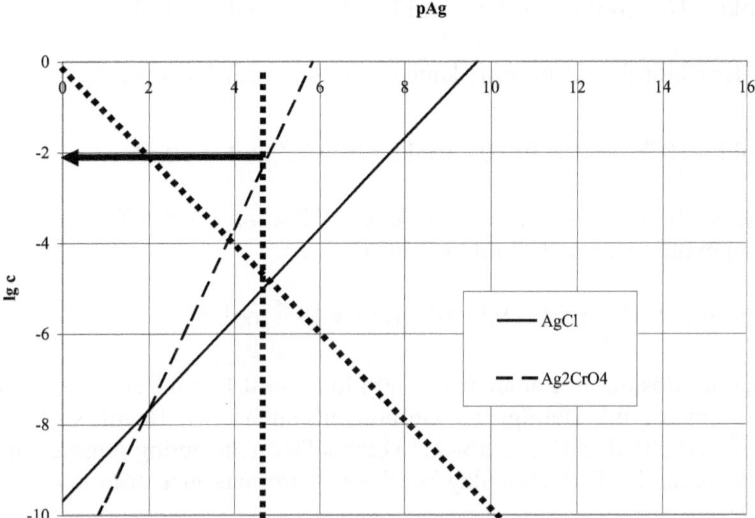

Abb. 3.5: Fällungsdiagramm Chloridbestimmung nach Mohr

Im Äquivalenzpunkt gilt:

$$\lg c\,(Cl^-) = -\,\mathrm{p}\,Ag.$$

In der Graphik entspricht diese Gleichung der Winkelhalbierenden. Da im Äquivalenzpunkt ein Bodensatz vorliegt, gilt für diesen Fall auch die Fällungsgerade für Silberchlorid. Der Schnittpunkt dieser beiden Geraden ist also für den Äquivalenzpunkt charakteristisch, und hier gilt ein pAg-Wert von etwa 5. Durch diesen Schnittpunkt wird ein Lot auf die Abszissenachse gefällt, und man ermittelt den Schnittpunkt mit der Chromat-Fällungsgeraden. Hier kann man direkt den lg c-Wert −2 für Chromat ablesen, bei welchem Chromat genau am Äquivalenzpunkt auszufallen beginnt, also bei einer Konzentration von 0,01 mol/l.

Ist die Chromatkonzentration höher, so erscheint also die Farbreaktion zu früh; ein Unterbefund ist die Folge. Ist die Chromatkonzentration dagegen deutlich niedriger, wie z. B. 10^{-4} mol/l, so würde der Endpunkt der Titration erst bei einem pAg-Wert von etwa 4 liegen; hierbei wäre die Konzentration der zusätzlich in Lösung vorliegenden Silberionen

$$10^{-4}\,\text{mol/l} - 10^{-5}\,\text{mol/l} = 9 \cdot 10^{-5}\,\text{mol/l} = 9 \cdot 10^{-6}\,\text{mol} / 100\text{ml}.$$

Die Abnahme der Chloridkonzentration kann ebenfalls abgeschätzt werden:

$$10^{-5}\,\text{mol/l} - 10^{-6}\,\text{mol/l} = 9 \cdot 10^{-6}\,\text{mol/l} = 9 \cdot 10^{-7}\,\text{mol} / 100\text{ml}.$$

Der zusätzliche Verbrauch bis zum Endpunkt der Titration als Stoffmenge Silbernitrat bei einem Vorlagevolumen von 100 ml beträgt somit etwa

$$9 \cdot 10^{-6}\,\text{mol} + 9 \cdot 10^{-7}\,\text{mol} = 9{,}9 \cdot 10^{-6}\,\text{mol} \approx 10^{-5}\,\text{mol}.$$

Bei einer Silbernitratlösung mit einer Konzentration von 0,1 mol/l entspricht das einem Mehrverbrauch von 0,1 ml. Beträgt der Gesamtverbrauch etwa 10 ml, so kann der zu verzeichnende Überbefund mit etwa 1% als vernachlässigbar gering angesehen werden. Fraglich ist jedoch, ob der Farbumschlag bei dieser Chromatkonzentration noch deutlich zu erkennen ist.

3.3   Komplexbildung und –zerfall

Komplexverbindungen und koordinative Bindung. Unter einem Komplex versteht man die Verbindung zwischen einem oder mehreren Zentralteilchen und einer bestimmten Anzahl Liganden. Als Zentralteilchen können Metallatome oder –ionen dienen, als Liganden fungieren neutrale Moleküle, die über freie Elektronenpaare verfügen, oder Anionen. Die Bindung zwischen Zentralteilchen und Liganden ist eine koordinative Bindung. Während bei der kovalenten Bindung gemeinsame Elektronenpaare vorliegen und bei der ionischen Bindung sich elektrostatisch anziehende Ionen, so ist das Merkmal der koordinativen Bindung, dass jeder Ligand ein freies Elektronenpaar zur Verfügung stellt, das mit einem leeren Orbital des Zentralteilchens verknüpft wird.

Es gibt eine große Vielzahl von Komplexen, die sich durch sehr verschiedene Strukturen auszeichnen und die sowohl positive als auch negative Ladungen aufweisen können oder aber elektrisch neutral sind. Hier soll es jedoch weniger um die Strukturen als vielmehr um die Stabilität der Komplexe gehen, sowie um die daraus abzuleitenden praktischen Schlussfolgerungen für die analytische Chemie.

Eine spezielle Gruppe der Komplexverbindungen wird wegen der großen analytisch-chemischen Bedeutung an dieser Stelle herausgehoben, die Chelatkomplexe. Bei diesen erfüllt ein Molekül oder Ion die Aufgabe mehrerer Liganden, bildet also eine bestimmte Zahl koordinativer Bindungen zum Zentralteilchen aus. Ein solcher Chelatligand verfügt über mehrere freie Elektronenpaare, die sich zu solch einer Bindung eignen und als Zähne bezeichnet werden. Je nach der Zahl der möglichen Koordinationsstellen spricht man von z. B. bei Nitrilotriessigsäure (NTA) von einem vierzähnigen Liganden bzw. bei Ethylendiamintetraessigsäure (EDTA) von einem sechszähnigen Liganden.

Komplexbildungskonstante und Komplexzerfallskonstante. Gemäß dem Massenwirkungsgesetz gibt es eine Gleichgewichtskonstante für die Bildung einer Komplexverbindung, die *Komplexbildungskonstante K_F*. Für eine Komplexbildungsreaktion

$$Z + x\,L \rightarrow [ZL_x]$$

gilt hierbei folgende Definition:

$$K_F = \frac{c\,\{[ZL_x]\}}{c\,(Z)\,c^x(L)} \quad . \tag{3.40}$$

In der Literatur wird statt der Komplexbildungskonstante K_F auch häufig die *Komplexzerfallskonstante K_D* verwendet. Sie ist die Gleichgewichtskonstante der Rückreaktion und somit der Kehrwert von K_F.

Die Teilschritte einer Komplexbildungsreaktion können ebenfalls mit Hilfe von Komplexbildungskonstanten beschrieben werden, z. B.:

$$K_{F1} = \frac{c\,\{[ZL]\}}{c\,(Z)\,c\,(L)}; \quad K_{F2} = \frac{c\,\{[ZL_2]\}}{c\,\{[ZL]\}\,c\,(L)}; \quad K_{F3} = \frac{c\,\{[ZL_3]\}}{c\,\{[ZL_2]\}\,c\,(L)} \text{ usw.}$$

Die *Bestimmung von Komplexbildungskonstanten* ist im Gegensatz zur Bestimmung von Löslichkeitsprodukten mit klassischen analytischen Bestimmungsmethoden nicht so gut durchführbar: Die klassischen Methoden beruhen schließlich auf einer chemischen Reaktion, die die Komplexbildung beeinflussen und die Komplexbildungskonstante verändern könnte, so dass die erhaltenen Werte nicht aussagekräftig wären; die Untersuchung von Fällungsreaktionen kann dagegen durch Herstellen einer gesättigten Lösung, Entfernung des entstandenen Bodensatzes und Analyse der Lösung erfolgen, so dass eine Rückreaktion ausgeschlossen ist. Daher können Komplexbildungskonstanten erst durch die Anwendung der Photometrie [6] sowie voltamperometrischer Verfahren in zufriedenstellender Weise bestimmt werden.

Auffällig ist die besonders hohe Stabilität von Chelatkomplexen gegenüber Komplexen mit einfachen Liganden, was als *Chelat-Effekt* bezeichnet wird. Zwei Komplexbildungskonstanten seien zunächst gegenübergestellt: die eines Chelatkomplexes mit dem zweizähnigen Liganden Ethylendiamin (en) und die eines analogen einfachen Komplexes mit Ammoniak [7]:

$$K_F\left\{[Cu(en)_2]^{2+}\right\} = \frac{c\left\{[Cu(en)_2]^{2+}\right\}}{c\,(Cu^{2+})\,c^2\,(en)} = 1{,}6 \cdot 10^{20}\ \mathrm{l}^2 \cdot \mathrm{mol}^{-2};$$

$$K_F\left\{[Cu(NH_3)_4]^{2+}\right\} = \frac{c\left\{[Cu(NH_3)_4]^{2+}\right\}}{c\,(Cu^{2+})\,c^4\,(NH_3)} = 1 \cdot 10^{12}\ \mathrm{l}^4 \cdot \mathrm{mol}^{-4}.$$

Der Vergleich dieser dimensionsverschiedenen Größen ist nur dann sinnvoll, wenn eine konkrete Ligandenkonzentration vorgegeben wird. Für z. B. 10 mol/l Ammoniak bzw. eine äquivalente Ethylendiamin-Konzentration von 5 mol/l erhält man für den Chelatkomplex ein Konzentrationsverhältnis des Komplexes zu freiem Kupfer(II) von $4\cdot10^{21}$, für den einfachen Komplex beträgt dieser Wert $1\cdot10^{16}$, der Komplex ist dann also gewissermaßen um den Faktor 400.000 stabiler. Größere Ligandenkonzentrationen sind nicht praxisrelevant, sind jedoch die Ligandenkonzentrationen geringer, so vergrößert sich dieser Faktor sogar.

Zur Erklärung wird folgende Gleichung herangezogen, die durch Abwandlung von (3.25) erhalten werden kann und die für Reaktionen gilt, die sowohl isobar als auch isochor ablaufen, z. B. in wässriger Lösung:

$$\ln K = -\frac{\Delta H}{R} \cdot \frac{1}{T} + \frac{\Delta S}{R}. \tag{3.41}$$

ΔH ist für beide Komplexbildungsreaktionen etwa gleich groß, da in beiden Fällen vier koordinative Bindungen zwischen Stickstoff und Kupfer ausgebildet werden; also ist offensichtlich die Reaktionsentropie ΔS für den Chelat-Effekt ausschlaggebend. Dies kann durch die Zahl der Reaktionspartner beider Reaktionen erklärt werden: Der Chelatkomplex wird aus drei Teilchen gebildet, der einfache Komplex aus fünf Teilchen. Somit nimmt die molekulare Unordnung beim Chelatkomplex nicht so stark ab wie beim Vergleichskomplex; da jedoch ΔS nicht die Abnahme, sondern die Zunahme der Unordnung beschreibt, ist dieser Wert für den Chelatkomplex größer und somit auch K_F.

Hägg-Diagramm. Zur Veranschaulichung eines Komplexbildungsgleichgewichtes kann analog zu den Fällungsreaktionen eine Komplexbildungsgerade in einer doppeltlogarithmischen Auftragung konstruiert werden. Als *Beispiel 3.12* dient hier die stufenweise erfolgende Komplexierung des Kupfer(II)-Ions mit Ammoniak zum Tetramminkupfer(II)-Komplexion. Für die erste Stufe gilt:

$$K_{F1} = \frac{c\left\{[Cu(NH_3)]^{2+}\right\}}{c\,(Cu^{2+})\,c\,(NH_3)}.$$

Durch Logarithmieren und Auflösen nach dem Logarithmus der Komplexkonzentration $\lg c_1$ ergibt sich:

$$\lg c_1 = \lg c(Cu^{2+}) + \lg K_{F1} - pNH_3\,.$$

Analog erhält man für die weiteren drei Stufen folgende Geradengleichungen:

$$\lg c_2 = \lg c(Cu^{2+}) + \lg K_{F1} + \lg K_{F2} - 2pNH_3;$$
$$\lg c_3 = \lg c(Cu^{2+}) + \lg K_{F1} + \lg K_{F2} + \lg K_{F3} - 3pNH_3;$$
$$\lg c_4 = \lg c(Cu^{2+}) + \lg K_{F1} + \lg K_{F2} + \lg K_{F3} + \lg K_{F4} - 4pNH_3$$
$$= \lg c(Cu^{2+}) + \lg K_F - 4pNH_3\,.$$

Für $c(Cu^{2+})$ wird willkürlich 0,1 mol/l angesetzt, folgende $\lg K_F$-Werte werden verwendet, jeweils aus den in [2] enthaltenen Angaben erhalten:

$$\lg K_{F1} = 4{,}3;\ \lg K_{F2} = 3{,}6;\ \lg K_{F3} = 3{,}0;\ \lg K_{F4} = 2{,}2\,.$$

Man erhält ein Hägg-Diagramm mit vier Geraden, die jeweils nur die betreffende Komplexierungsstufe darstellen. Maßgeblich für das gesamte Auftreten von komplexiertem Kupfer(II) bei einer bestimmten Ammoniak-Konzentration ist jeweils die Gerade, die an dieser Stelle den höchsten Funktionswert aufweist. Das Auftreten der jeweils anderen Komplexe kann näherungsweise vernachlässigt werden.

Man erkennt, dass bei Ammoniak-Konzentrationen oberhalb von 0,01 mol/l praktisch ausschließlich der vollständige Komplex mit vier Liganden auftritt.

Bei der Interpretation solcher Diagramme ist freilich zu beachten, dass aufgrund des willkürlich gewählten Cu(II)-Gehaltes teilweise unrealistisch hohe Komplexkonzentrationen aufgetragen sind. Wünscht man die tatsächlich auftretenden Konzentrationen abzubilden, so ist ein Anteilsdiagramm geeignet, z. B. Abb. 3.10 anstelle Abb. 3.6.

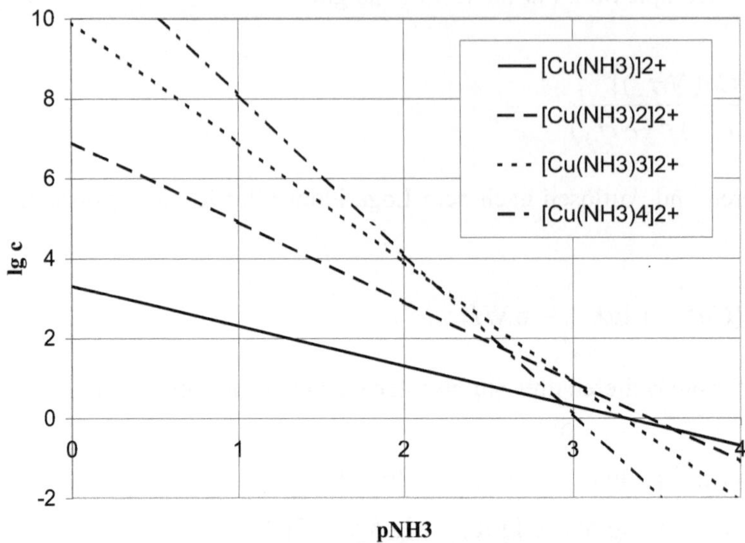

Abb. 3.6: Komplexbildungsdiagramm für Kupfer(II) und Ammoniak

Anwendungen in der Analytik. Komplexbildungsreaktionen werden vielfältig angewandt, um in Lösung befindliche Ionen gegenüber Fällungs-, Säure-Base- und Redoxreaktionen zu maskieren, sie also den betreffenden Reaktionsgleichgewichten zu entziehen.

Beispiel 3.13: Silberionen lassen sich aus ammoniakalischer Lösung teilweise nur schwer mit Halogenidionen fällen, während das bei Abwesenheit von Komplexbildnern leicht gelingt. Hier konkurrieren also Fällungs- und Komplexbildungsreaktion miteinander:

$$Ag^+ + X^- \rightarrow AgX\downarrow \qquad und \qquad Ag^+ + 2\,NH_3 \rightarrow [Ag(NH_3)_2]^+ \,.$$

Die hierbei auftretenden Gleichgewichtsverhältnisse lassen sich veranschaulichen, indem die Komplexbildungsgeraden analog zu vorigem Beispiel aufgestellt werden, wobei die Silberkonzentration nicht frei gewählt wird, sondern jeweils die in gesättigter Lösung auftretende Silberkonzentration eingesetzt wird. Entsprechend (3.38) ist diese bei AB-Salzen wie den Silberhalogeniden identisch mit der Quadratwurzel des jeweiligen Löslichkeitsproduktes:

$$c(Ag^+) = \sqrt{K_L(AgX)}; \tag{3.42}$$

$$\lg c(Ag^+) = \frac{1}{2}\lg K_L(AgX) = -\frac{1}{2}pK_L(AgX)\,. \tag{3.43}$$

Für die einzelnen Halogenidionen resultieren dann Hägg-Diagramme, in denen die Komplexkonzentration über der Ligandenkonzentration aufgetragen ist und aus denen abgelesen werden kann, bei welchen Ligandenkonzentrationen die jeweiligen Silberhalogenidniederschläge in welchem Maße aufgelöst werden können. Für Iodid wurde die Komplexbildungsgerade für Thiosulfat als Ligand hinzugefügt, da sich Silberiodid als mit Ammoniak schwer auflösbar erweist.

Zur Konstruktion der verschiedenen Geraden wurden folgende Gleichungen verwendet, die aus den entsprechenden Massenwirkungsgesetzen und aus (3.43) leicht hergeleitet werden können:

$$\lg c\left\{[Ag(NH_3)]^+\right\} = -\frac{1}{2}\mathrm{p}K_L(AgX) + \lg K_F\left\{[Ag(NH_3)]^+\right\} - \mathrm{p}NH_3;$$

$$\lg c\left\{[Ag(NH_3)_2]^+\right\} = -\frac{1}{2}\mathrm{p}K_L(AgX) + \lg K_F\left\{[Ag(NH_3)_2]^+\right\} - 2\mathrm{p}NH_3;$$

$$\lg c\left\{[Ag(S_2O_3{}^{2-})_2]^{3-}\right\} = -\frac{1}{2}\mathrm{p}K_L(AgX) + \lg K_F\left\{[Ag(S_2O_3{}^{2-})_2]^{3-}\right\} - 2\mathrm{p}S_2O_3\,.$$

Folgende Werte wurden entsprechend den Tabellenangaben aus [2] ermittelt und verwendet:

$$\mathrm{p}K_L(AgCl) = 9{,}7; \quad \mathrm{p}K_L(AgBr) = 12{,}3; \quad \mathrm{p}K_L(AgI) = 16{,}1;$$

$$\lg K_F\left\{[Ag(NH_3)]^+\right\} = 3{,}4; \quad \lg K_F\left\{[Ag(NH_3)_2]^+\right\} = 7{,}2;$$

$$\lg K_F\left\{[Ag(S_2O_3{}^{2-})_2]^{3-}\right\} = 13$$

Beide Liganden werden in ihrem Komplexierungsverhalten noch durch den pH-Wert beeinflusst, da sie protonierbar sind und daher einem Säure-Base-Gleichgewicht unterliegen (Kap. 3.4). Dieser Effekt wird hier vernachlässigt; Ammoniak liegt im basischen Milieu praktisch vollständig unprotoniert als NH_3 vor und wirkt somit als Komplexligand, Thiosulfat wird nur im sauren Milieu protoniert und in der Folge auch zersetzt, so dass es im Sauren sowieso nie als Komplexligand angewandt wird.

An Hand der Hägg-Diagramme kann nun abgelesen werden, ab welcher Ligandenkonzentration eine Komplexkonzentration oberhalb von 1 mol/l erreicht werden kann. In dieser Situation werden die in gesättigter Silberhalogenid-Lösung vorliegenden Silberionen praktisch vollständig komplexiert, wobei Silberionen durch vollständige Auflösung des Bodensatzes nachgeliefert werden.

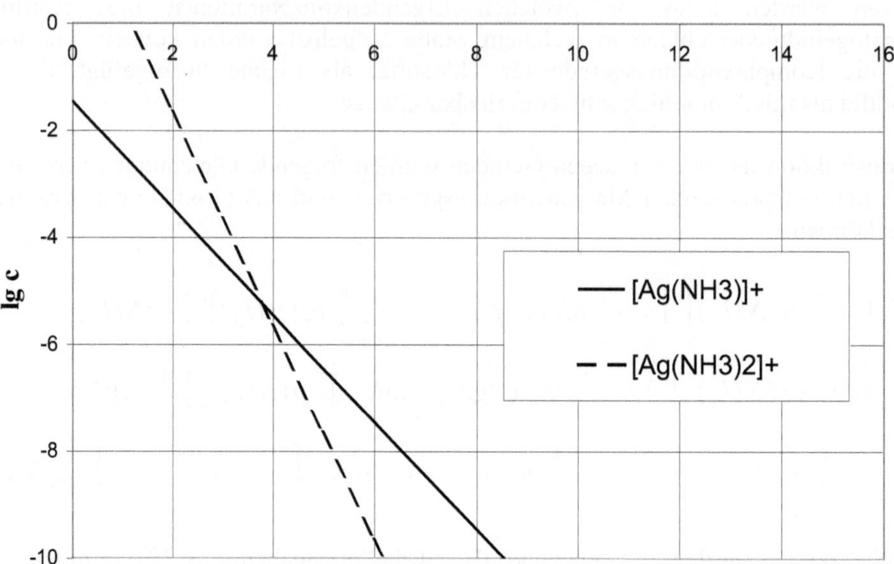

Abb. 3.7: Auflösung von Silberchlorid durch Komplexierung mit Ammoniak

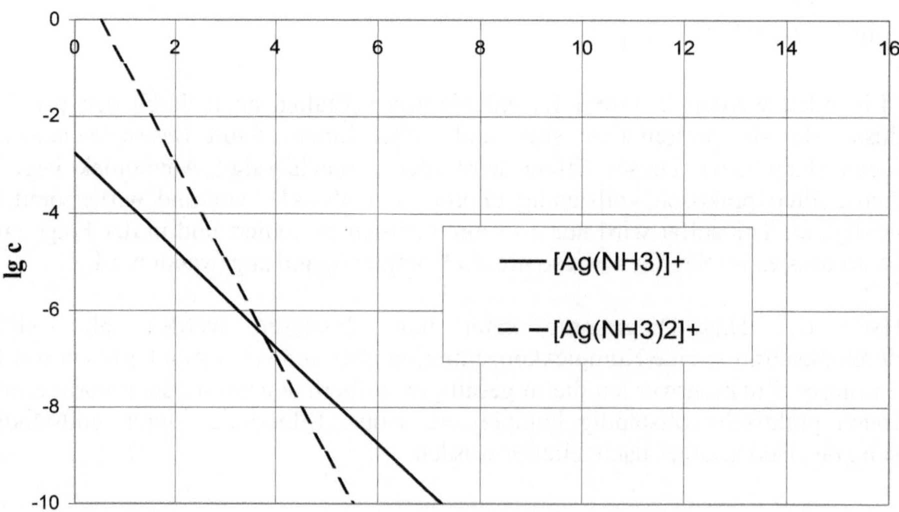

Abb. 3.8: Auflösung von Silberbromid durch Komplexierung mit Ammoniak

pNH$_3$ bzw. pS$_2$O$_3$

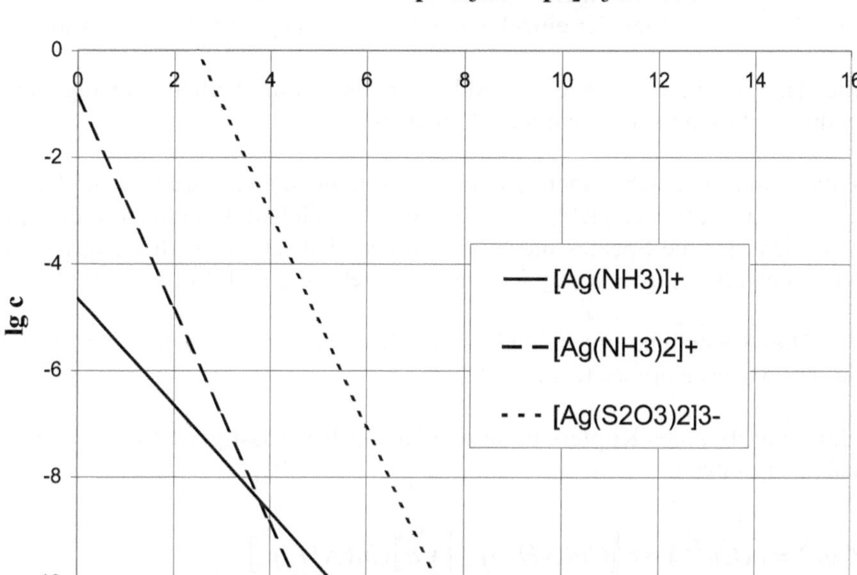

Abb. 3.9: Auflösung von Silberiodid durch Komplexierung mit Ammoniak/Thiosulfat

Die vollständige Auflösung des Bodensatzes zu einer Silberkomplex-Konzentration von 1 mol/l gelingt beim Chlorid offenbar schon mit pNH$_3$ = 1, was einer Liganden-konzentration von 0,1 mol/l entspricht und durch Zugabe von wenig NH$_3$ verd. erreicht werden kann: 1 g AgCl (0,007 mol) benötigen 0,014 mol NH$_3$ zum Komplexieren und bei einem Zielvolumen von 10 ml 0,001 mol NH$_3$ zum Erreichen der notwendigen Ligandenkonzentration von 0,1 mol/l. Die Gesamtstoffmenge NH$_3$ von 0,015 mol entspricht 7,5 ml NH$_3$ verd.

Beim Bromid muss die Ammoniak-Konzentration bereits fast 1 mol/l betragen, wozu bei einem deutlichen Wassergehalt des Silberbromides reichlich NH$_3$ verd. oder ein wenig NH$_3$ konz. notwendig wäre: Analog zum AgCl kann hier eine Gesamtstoffmenge an NH$_3$ von 0,02 mol berechnet werden, was 10 ml NH$_3$ verd. entsprechen würde; da bei dieser Berechnung ein Zielvolumen von 10 ml vorausgesetzt wurde und ausgehend von feuchtem AgBr für diesen Auflösevorgang ein Zielvolumen von mindestens 12 bis 13 ml zu erwarten ist, kann die Auflösung mit NH$_3$ verd. nur unvollständig sein.

Beim Iodid ist erkennbar, dass der Bedarf an NH$_3$ noch viel höher liegt und NH$_3$ somit nicht der geeignete Komplexbildner ist. Wird Natriumthiosulfatlösung zum Auflösen des Silberiodides verwendet, so reichen dagegen bereits 0,01 mol/l Thiosulfat aus, um eine Komplexkonzentration von 1 mol/l zu erzielen.

Anteilsdiagramm. Bei Komplexbildungsreaktionen, Säure-Base-Reaktionen und Redoxreaktionen treten zwei oder mehr Spezies eines Stoffes gleichzeitig in Lösung auf, so dass sich die Konzentrationen der einzelnen gelösten Stoffe gegenseitig beeinflussen.

Das einfache Hägg-Diagramm wie in Abb. 3.6 ist zwar verhältnismäßig leicht aufzustellen, drückt diesen Sachverhalt jedoch nicht aus,.

In solchen Fällen empfiehlt sich manchmal die Aufstellung eines Diagramms, in dem die Anteile der Spezies an der Gesamtkonzentration über dem Gehalt desjenigen Reaktanden aufgetragen werden, der die Spezies ineinander umwandelt. Diese Auftragung ist zwar komplizierter zu bewerkstelligen, bringt jedoch auch mehr direkte Informationen.

Beispiel 3.14: Die Aufstellung eines solchen Anteilsdiagramms wird hier am Beispiel der Amminkomplexe des Kupfers(II) gezeigt.

Die Gesamtkonzentration des Kupfers in ammoniakalischer wässriger Lösung setzt sich folgendermaßen zusammen:

$$c(Cu_\Sigma) = c(Cu^{2+}) + c\left\{[Cu(NH_3)]^{2+}\right\} + c\left\{[Cu(NH_3)_2]^{2+}\right\}$$
$$+ c\left\{[Cu(NH_3)_3]^{2+}\right\} + c\left\{[Cu(NH_3)_4]^{2+}\right\}.$$

Durch Anwendung von Gleichung (3.40) und ihrer Weiterentwicklung für stufenweise Komplexbildung ergibt sich folgende Beziehung:

$$c(Cu_\Sigma) = c(Cu^{2+}) \cdot \left[\begin{array}{l} 1 + K_{F1}c(NH_3) + K_{F1}K_{F2}c^2(NH_3) \\ + K_{F1}K_{F2}K_{F3}c^3(NH_3) + K_{F1}K_{F2}K_{F3}K_{F4}c^4(NH_3) \end{array} \right].$$

Der Klammerausdruck wird in der Folge als ξ bezeichnet werden. Aus dieser Beziehung und durch erneute Anwendung von (3.40) erhält man die Konzentrationen der Spezies:

$$c(Cu^{2+}) = \frac{c(Cu_\Sigma)}{\xi};$$

$$c\left\{[Cu(NH_3)]^{2+}\right\} = \frac{c(Cu_\Sigma)}{\xi} K_{F1}c(NH_3);$$

$$c\left\{[Cu(NH_3)_2]^{2+}\right\} = \frac{c(Cu_\Sigma)}{\xi} K_{F1}K_{F2}c^2(NH_3);$$

$$c\left\{[Cu(NH_3)_3]^{2+}\right\} = \frac{c(Cu_\Sigma)}{\xi} K_{F1} K_{F2} K_{F3} c^3(NH_3);$$

$$c\left\{[Cu(NH_3)_4]^{2+}\right\} = \frac{c(Cu_\Sigma)}{\xi} K_{F1} K_{F2} K_{F3} K_{F4} c^4(NH_3).$$

Durch Kürzen mit $c(Cu_\Sigma)$ erhält man die jeweiligen Anteile F der Spezies:

$$F(Cu^{2+}) = \frac{1}{\xi};$$

$$F\left\{[Cu(NH_3)]^{2+}\right\} = \frac{1}{\xi} K_{F1} c(NH_3);$$

$$F\left\{[Cu(NH_3)_2]^{2+}\right\} = \frac{1}{\xi} K_{F1} K_{F2} c^2(NH_3);$$

$$F\left\{[Cu(NH_3)_3]^{2+}\right\} = \frac{1}{\xi} K_{F1} K_{F2} K_{F3} c^3(NH_3);$$

$$F\left\{[Cu(NH_3)_4]^{2+}\right\} = \frac{1}{\xi} K_{F1} K_{F2} K_{F3} K_{F4} c^4(NH_3).$$

Durch nachfolgendes Logarithmieren ergeben sich folgende Gleichungen:

$$\lg F(Cu^{2+}) = -\lg \xi;$$

$$\lg F\left\{[Cu(NH_3)]^{2+}\right\} = \lg K_{F1} - \lg \xi - pNH_3;$$

$$\lg F\left\{[Cu(NH_3)_2]^{2+}\right\} = \lg K_{F1} + \lg K_{F2} - \lg \xi - 2pNH_3;$$

$$\lg F\left\{[Cu(NH_3)_3]^{2+}\right\} = \lg K_{F1} + \lg K_{F2} + \lg K_{F3} - \lg \xi - 3pNH_3;$$

$$\lg F\left\{[Cu(NH_3)_4]^{2+}\right\} = \lg K_{F1} + \lg K_{F2} + \lg K_{F3} + \lg K_{F4} - \lg \xi - 4pNH_3 .$$

Die einzusetzenden Komplexbildungskonstanten sind oben für die Aufstellung des Hägg-Diagramms Abb. 3.6 bereits aufgeführt worden und stammen aus [2].

Diese Gleichungen sind keine Geradengleichungen mehr, da ξ selbst wiederum von der Ammoniak-Konzentration abhängt. Wir erhalten somit auch im doppelt-logarithmischen Diagramm keine Geraden mehr, wie aus Abb. 3.10 hervorgeht.

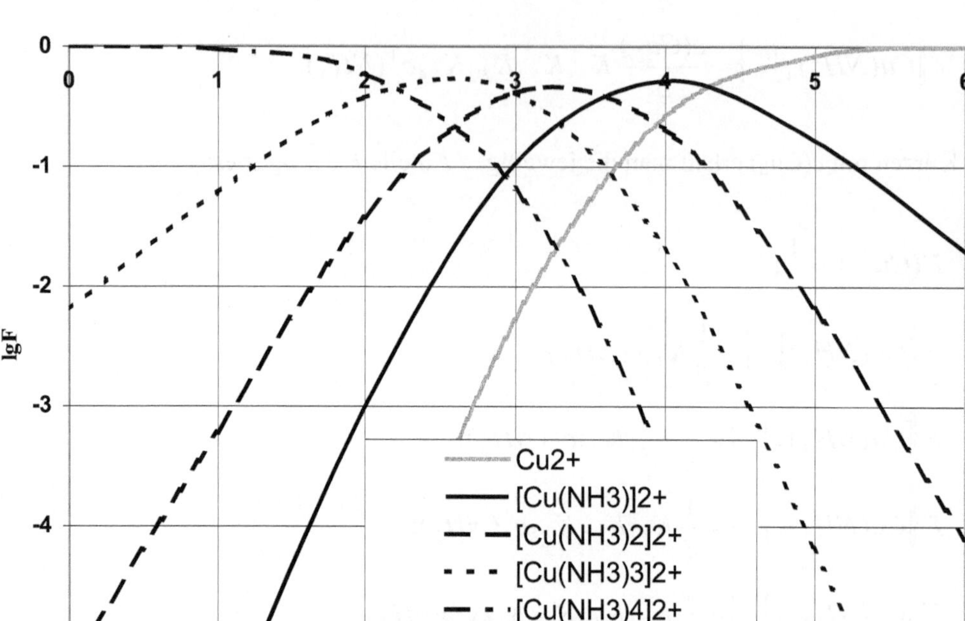

Abb. 3.10: Anteile der Amminkomplexe und des nicht durch Ammoniak komplexierten Kupfers am Gesamtkupfer

An diesem Diagramm erkennt man nicht nur wie bei Abb. 3.6, dass bei Ammoniak-Konzentrationen von mehr als 0,01 mol/l vorwiegend der Tetramminkomplex vorliegt, sondern auch, dass die anderen Spezies erst oberhalb von etwa 1 mol/l Ammoniak deutlich unter insgesamt 1% Anteil vorliegen. Somit erreicht der Tetramminkomplex erst etwa bei dieser Ligandenkonzentration einen Anteil von 99%.

Bei niedrigeren Ammoniak-Konzentrationen liegen bis zu fünf Spezies gleichzeitig oberhalb 1% Anteil vor; die Komplexierung erfolgt dort also unstöchiometrisch, so dass die Reaktion z. B. für eine Komplexbildungstitration mit Kupfer(II) als Analyt und Ammoniak als Titersubstanz nicht geeignet ist.

3.4   Säure-Base-Reaktionen

Säure-Base-Theorien. Seit Jahrhunderten gibt es die Charakterisierung von Stoffen als solche mit sauren Eigenschaften und andere Stoffe, die diese sauren Eigenschaften bei Zugabe mindern oder aufheben, sogenannte alkalische oder basische Stoffe.

Eine der ersten chemisch formulierten Säuredefinitionen ging davon aus, dass eine Säure Sauerstoff enthält, da bei der Verbrennung von Nichtmetallen an der Luft Produkte entstehen, deren wässrige Lösungen sauer sind (Lavoisier, 18. Jahrhundert). Bei der Verbrennung von Metallen ist dies aber oft nicht der Fall, andererseits enthalten z. B. die Halogenwasserstoffe keinen Sauerstoff, ihre wässrigen Lösungen reagieren dennoch sauer. Davy stellte 1816 fest, dass der Wasserstoff Ursache der sauren Reaktion ist; von Liebig stammte 1838 die Erkenntnis, dass nur derjenige Wasserstoff eine saure Reaktion bewirken kann, der sich bei entsprechender chemischer Reaktion durch Metall ersetzen lässt [9].

Im 19. Jahrhundert entwickelten *Arrhenius und Ostwald* eine Säure-Base-Theorie, die die Entstehung neutraler Salze aus Säuren und Basen erklärt. Säuren werden hier als Stoffe verstanden, die Wasserstoffionen H^+ abspalten können, Basen dagegen spalten Hydroxidionen OH^- ab. Bei der Reaktion zwischen Säure und Base entsteht aus den jeweils abgespaltenen Ionen Wasser, während die übriggebliebenen Ionen ein Salz bilden. Die Reaktion zwischen Salzsäure und Natronlauge wird nach dieser Theorie folgendermaßen verstanden:

$$H^+ + Cl^- + Na^+ + OH^- \;\rightarrow\; H_2O + Na^+ + Cl^- \;.$$

Diese Reaktionsart wird als *Neutralisation* bezeichnet, eine umgekehrt erfolgende Reaktion als *Hydrolyse*, z. B.:

$$Na^+ + OAc^- + H_2O \;\rightarrow\; HOAc + Na^+ + OH^- \;.$$

Die Theorie von Arrhenius und Ostwald bezieht sich nur auf wässrige Lösungen und vermag die basischen Eigenschaften bestimmter Stoffe nicht zu erklären, z. B. die von Ammoniak und den Aminen, es sei denn, durch die Annahme von nicht nachgewiesenen Verbindungen wie Ammoniumhydroxid NH_4OH bzw. seinen Derivaten.

1923 wurde von *Brönsted und Lowry* eine Säure-Base-Theorie entwickelt, die einerseits diese Probleme löst und andererseits Säure- und Basebegriff sinnvoll erweitert. Eine Säure in diesem Sinne ist ein Stoff, der ein Wasserstoffion H^+ an einen anderen Stoff abgibt, der dieses aufnimmt und somit Base ist. Man bezeichnet diese Wasserstoffionen H^+ meist als Protonen, wenngleich dies wegen der natürlichen Isotopenverteilung des Wasserstoffs gar nicht ganz korrekt ist. Säuren werden somit als *Protonendonatoren* bezeichnet, Basen als *Protonenakzeptoren*.

Die Übertragung eines Wasserstoffions (Protons) wird als *Protolyse* bezeichnet, die beteiligten Reaktanden als *Protolyten.* Diese Reaktion ist grundsätzlich eine Gleichgewichtsreaktion. Bei dem Vorgang gibt der eine Stoff als Säure ein Proton ab und wird dabei zu einem Stoff, der potentiell geeignet ist, ein Proton aufzunehmen, also zu einer Base. Diese Base wird als die *konjugierte Base* der betreffenden Säure bezeichnet.

$$S_1 \rightarrow B_1 + H^+$$

Der andere Stoff nimmt als Base ein Proton auf und wird somit zu einer potentiellen Säure; dies ist dann seine *konjugierte Säure.*

$$B_2 + H^+ \rightarrow S_2$$

Die Bruttoreaktionsgleichung einer Protolyse lautet also:

$$S_1 + B_2 \rightarrow B_1 + S_2$$

Es gibt Stoffe, die aus derselben Summenformel heraus sowohl als Säure als auch als Base reagieren können; solche Stoffe werden als *Ampholyte* bezeichnet. Ein Beispiel hierfür ist das Hydrogencarbonation HCO_3^- :

$$HCO_3^- \rightarrow CO_3^{2-} + H^+ \; ; \qquad HCO_3^- + H^+ \rightarrow H_2CO_3 \; .$$

Im Sinne der Brönsted-Theorie sind die Begriffe Säure und Base also relative Begriffe: *Es kommt auf den Reaktionspartner an, ob ein Stoff als Säure oder als Base reagiert.*

Finden die beiden möglichen Reaktionen eines Ampholyten gleichzeitig statt, so nennt man diesen Vorgang *Autoprotolyse:*

$$2\,HCO_3^- \rightarrow CO_3^{2-} + H_2CO_3$$

Die Theorie nach Brönsted und Lowry beschreibt nicht nur wässrige Systeme, wie die Theorie von Arrhenius und Ostwald es tut, sondern sie gilt für alle Systeme, in denen Protonen übertragen werden können.

Außerdem erklärt sie die Basizität von z. B. Ammoniak und Aminen durch deren Bestreben, Protonen aufzunehmen. Weiterhin beruht die Aufnahmebereitschaft für Protonen auf dem Vorhandensein freier Elektronenpaare.

Eigendissoziation des Wassers. Ein sehr bedeutender Ampholyt ist Wasser. Es neigt in geringfügigem Ausmaß zur Autoprotolyse, die in diesem Zusammenhang auch „Eigendissoziation des Wassers" genannt wird. Hierbei werden Hydroniumionen H_3O^+ (auch: Oxoniumionen) und Hydroxidionen gebildet:

$$2\ H_2O \rightarrow H_3O^+ + OH^- \ .$$

Für diese wichtige chemische Reaktion lässt sich nach (3.6) folgende Gleichgewichtskonstante aufstellen:

$$K = \frac{c(H_3O^+)\,c(OH^-)}{c^2(H_2O)} \ . \tag{3.44}$$

Die Konzentration des Wassers in Wasser lässt sich leicht berechnen:

$$c = \frac{n}{V} = \frac{m}{MV} = \frac{\rho}{M} = \frac{997 \ \ \text{g/l}}{18{,}02 \ \ \text{g/mol}} = 55{,}3 \ \text{mol/l} \ . \tag{3.45}$$

Diese Konzentration kann auch über die Dauer einer chemischen Reaktion hinweg als weitestgehend konstant angesehen werden. Somit lässt sich eine neue Konstante definieren:

$$K_W = c^2(H_2O)\,K = c(H_3O^+)\,c(OH^-) \ . \tag{3.46}$$

Diese Konstante ist das *Ionenprodukt des Wassers* und beträgt bei 25 °C ziemlich genau $10^{-14} \ \text{mol}^2 \cdot \text{l}^{-2}$. Oft wird der negative dekadische Logarithmus $pK_W = 14$ verwendet.

In reinem Wasser sind die Konzentrationen der beiden gebildeten Ionen gleich groß, so dass gilt:

$$c(H_3O^+) = c(OH^-) = \sqrt{K_W} \ . \tag{3.47}$$

Bei 25 °C ergeben sich für die beiden Konzentrationen jeweils 10^{-7} mol/l. Zur logarithmischen Beschreibung dieser Konzentrationen werden üblicherweise die Werte pH und pOH verwendet, jeweils der negative dekadische Logarithmus der entsprechenden aktiven Konzentration (Aktivität). Bei geringen Konzentrationen, z. B. bis zu 0,01 mol/l können Konzentration und Aktivität praktisch gleich sein (Abweichung unter 10%). Für reines Wasser sind pH und pOH beide gleich 7. In sauren Lösungen ist der pH-Wert geringer, in basischen Lösungen höher. Durch Logarithmieren von (3.46) ergibt sich, dass in jeglichen wässrigen Lösungen die Summe von pH und pOH identisch ist mit pK_W .

Die hier genannten Werte gelten näherungsweise auch für übliche Labortemperaturen zwischen 20 und 30 °C. Bei deutlicher Temperaturerhöhung steigt der Wert für K_W, und somit steigen auch die Konzentrationen von Hydronium- und Hydroxidionen. pH-Wert und pOH-Wert sinken folglich beide.

Dissoziation einer Säure. Beim Auflösen eines Stoffes in Wasser, der saurer reagiert als das Wasser selbst, findet eine Protolysereaktion statt, die als Dissoziation einer Säure bezeichnet wird. Es entstehen Hydroniumionen und der sogenannte Säurerest:

$$HA + H_2O \rightarrow H_3O^+ + A^- \ .$$

HA kann hierbei durchaus eine elektrische Ladung aufweisen, wobei A^- dann eine positive Ladung weniger bzw. eine negative Ladung mehr enthalten würde.

Die Gleichgewichtskonstante nach (3.6) ist folgendermaßen definiert:

$$K = \frac{c(H_3O^+)\, c(A^-)}{c(HA)\, c(H_2O)} \ . \tag{3.48}$$

Durch Einbeziehung der Wasserkonzentration erhält man die *Säurekonstante K_S:*

$$K_S = c(H_2O)\, K = \frac{c(H_3O^+)\, c(A^-)}{c(HA)} \ . \tag{3.49}$$

Der Wert pK_S wird *Säureexponent* genannt und ist der negative dekadische Logarithmus der Säurekonstante.

Eine hohe Säurekonstante und somit ein niedriger Säureexponent bedeuten, dass das Reaktionsgleichgewicht sehr stark auf der Seite der Produkte liegt und somit eine hohe Hydroniumionen-Konzentration bzw. ein niedriger pH-Wert die Folge ist. In diesem Fall spricht man von einer starken Säure, z. B. Salzsäure mit $pK_S = -6$ [9].

Wesentlich schwächer ist beispielsweise die Essigsäure mit $pK_S = +4{,}75$, die Blausäure mit $pK_S = +9{,}31$ oder gar das Wasser, dessen pK_S –Wert gar nicht durch Messungen ermittelt werden muss, sondern auf einfache Weise nach (3.49) berechnet werden kann:

$$K_S = \frac{c(H_3O^+)\, c(OH^-)}{c(H_2O)} = \frac{K_W}{c(H_2O)} = \frac{10^{-14}}{55{,}3}\ \text{mol/l} = 1{,}808 \cdot 10^{-16}\ \text{mol/l} \ ;$$

$$pK_S = -\lg K_S = 15{,}74 \ .$$

Der Säureexponent der Hydroniumionen ergibt sich entsprechend:

$$K_S = \frac{c(H_3O^+)\, c(H_2O)}{c(H_3O^+)} = c(H_2O) = 55{,}3 \text{ mol/l} \; ;$$

$$pK_S = -\lg K_S = -1{,}74 \; .$$

Wenn Reaktanden in gleicher Stoffmenge vorgelegt werden und alle Reaktanden und Produkte in der gleichen Lösung verbleiben, dann gilt:

Jeder Stoff ist bestrebt, Protonen an Stoffe abzugeben, deren konjugierte Säuren einen höheren pK_S–Wert aufweisen und somit weniger Protonen freisetzen.

Säuren mit pK_S–Wert unter $-1{,}74$, dem pK_S–Wert der Hydroniumionen, sind also in wässriger Lösung bestrebt, die umgebenden Wassermoleküle zu protonieren. Bis zu einer vorgelegten Säurekonzentration von 0,5 mol/l liegt Wasser mit 55,3 mol/l in über hundertfachem Überschuss vor, und praktisch sämtliche Säuremoleküle dissoziieren. Für den sauren Charakter der Lösung ist es folglich näherungsweise ohne Belang, welcher pK_S–Wert exakt vorliegt, wenn er nur $-1{,}74$ unterschreitet.

Protonierung einer Base. Ein Stoff, der stärker bestrebt ist, Protonen aufzunehmen, als dies beim Wasser der Fall ist, wird in wässriger Lösung durch die Wassermoleküle protoniert werden:

$$B + H_2O \rightarrow BH^+ + OH^- \; .$$

B ist häufig bereits elektrisch geladen, wobei durch diese Reaktion dann eine negative Ladung kompensiert oder eine positive Ladung hinzugefügt wird.

In Analogie zu (3.48) und (3.49) ergeben sich folgende Beziehungen:

$$K = \frac{c(BH^+)\, c(OH^-)}{c(B)\, c(H_2O)} \; ; \tag{3.50}$$

$$K_B = c(H_2O)\, K = \frac{c(BH^+)\, c(OH^-)}{c(B)} \; . \tag{3.51}$$

K_B ist die *Basekonstante,* der negative dekadische Logarithmus pK_B ist der Baseexponent des betreffenden Stoffes.

Analog zu den Säuren bedeutet eine hohe Basekonstante bzw. ein niedriger Baseexponent, dass der betrachtete Stoff über starke basische Eigenschaften verfügt.

Basekonstanten und –exponenten sind in Tabellenwerken teilweise nicht aufgeführt, da sie in einem sehr einfachen Zusammenhang zu den Säurekonstanten bzw. –exponenten der entsprechenden konjugierten Säuren BH^+ stehen:

$$K_S(BH^+) = \frac{c(H_3O^+)\, c(B)}{c(BH^+)}\; ; \tag{3.52}$$

$$K_B(B) \cdot K_S(BH^+) = \frac{c(BH^+)\, c(OH^-)\, c(H_3O^+)\, c(B)}{c(B)\, c(BH^+)} = K_W\; ; \tag{3.53}$$

$$K_B(B) = \frac{K_W}{K_S(BH^+)}\; ; \tag{3.54}$$

$$pK_B(B) = pK_W - pK_S(BH^+)\; ; \tag{3.55}$$

$$pK_B(B) = 14 - pK_S(BH^+) \qquad \text{bei } 25\,°C\,. \tag{3.56}$$

Eine sehr starke Base ist das Hydroxid, das den starken basischen Charakter von Metallhydroxiden verursacht. Sein pK_B-Wert ergibt sich aus dem pK_S der konjugierten Säure Wasser entsprechend (3.56):

$$pK_B(OH^-) = 14 - pK_S(H_2O) = 14 - 15{,}74 = -1{,}74\,.$$

Ein Beispiel für eine schwache Base ist Ammoniak mit einem pK_B-Wert von +4,75 oder gar Wasser mit einem pK_B-Wert, der nach (3.56) errechnet werden kann:

$$pK_B(H_2O) = 14 - pK_S(H_3O^+) = 14 - (-1{,}74) = +15{,}74\,.$$

pH-Berechnungen. Mit Hilfe des Massenwirkungsgesetzes können Gleichungen aufgestellt werden, mit denen sich pH-Werte wässriger Lösungen von Säuren oder Basen berechnen lassen. Zu diesem Zweck wird eine Gleichung vorgestellt, die zwar vielseitig einsetzbar, aber auch etwas kompliziert ist. Von dieser Gleichung ausgehend werden für bestimmte pK_S– bzw. pK_B-Bereiche Annahmen zugrundegelegt, die die Berechnung vereinfachen.

Bei allen diesen Berechnungen wird die Eigendissoziation des Wassers berücksichtigt. Liegen allerdings die zu erwartenden pH-Werte bei Säuren unterhalb von pH 5, bei Basen oberhalb von pH 9, so kann die Eigendissoziation des Wassers vernachlässigt werden, indem man das in den Gleichungen vorkommende Ionenprodukt K_W näherungsweise gleich Null setzt.

Allgemeine Gleichung

Liegt eine Säure in wässriger Lösung vor, so finden zwei Vorgänge statt, die Dissoziation der Säure und die Eigendissoziation des Wassers:

$$HA + H_2O \rightarrow H_3O^+ + A^- ; \qquad 2\,H_2O \rightarrow H_3O^+ + OH^- .$$

Beide Vorgänge liefern gerade so viele Hydroniumionen, wie auch Anionen dabei gebildet werden *(Elektroneutralitätsbedingung):*

$$c(H_3O^+) = c(A^-) + c(OH^-) \tag{3.57}$$

Durch entsprechendes Auflösen von (3.49) und (3.46) können Ausdrücke für die betreffenden Anionenkonzentrationen erhalten werden, die dann nach Einsetzen in (3.57) einen quadratischen Ausdruck für die Hydroniumkonzentration ergeben:

$$c(A^-) = \frac{c(HA)\,K_S}{c(H_3O^+)}; \quad c(OH^-) = \frac{K_W}{c(H_3O^+)}; \tag{3.58 $-$ 59}$$

$$c^2(H_3O^+) = c(HA)\,K_S + K_W . \tag{3.60}$$

An dieser Stelle wird die *Ausgangskonzentration c_0 (HA)* als Summe der dissoziierten und der undissoziierten Säure definiert; dann wird nach *c(HA)* aufgelöst:

$$c_0(HA) = c(H_3O^+) + c(HA) ; \tag{3.61}$$

$$c(HA) = c_0(HA) - c(H_3O^+) . \tag{3.62}$$

Nach Einsetzen in (3.60) und Umformen erhält man folgende quadratische Gleichung:

$$c^2(H_3O^+) + K_S\,c(H_3O^+) - K_S\,c_0(HA) - K_W = 0 . \tag{3.63}$$

Nur eine der mathematisch möglichen Lösungen ergibt positive Konzentrationswerte:

$$c(H_3O^+) = -\frac{K_S}{2} + \sqrt{\frac{K_S^2}{4} + K_S\,c_0(HA) + K_W} . \tag{3.64}$$

Als negativen dekadischen Logarithmus der Hydroniumkonzentration erhält man den pH-Wert.

Gleichung (3.64) ist allgemein anwendbar für Säuren, die nur eine Dissoziationsstufe aufweisen oder bei denen der Säureexponent der zweiten Dissoziationsstufe mindestens um den Wert 2 größer ist als der der ersten. Im Fall mehrfach dissoziierender Säuren wird die Säurekonstante der ersten Dissoziationsstufe eingesetzt.

Für Basen erhält man durch Analogschluss folgende Gleichung, mit deren Hilfe ebenfalls der pH-Wert berechnet werden kann:

$$c(OH^-) = -\frac{K_B}{2} + \sqrt{\frac{K_B^{\;2}}{4} + K_B\, c_0(B) + K_W} \; . \tag{3.65}$$

Die einzusetzende Basekonstante kann notfalls nach (3.54) errechnet werden. Für 25 °C gilt entsprechend (3.46):

$$pH = 14 - pOH = 14 + \lg c(OH^-) \,. \tag{3.66}$$

Gleichungen (3.64) und (3.65) lassen sich in den Fällen gut verwenden, in denen die Dissoziation bzw. die Protonierung weder praktisch vollständig noch praktisch unvollständig verläuft, also z. B. bei mittelstarken Protolyten (pK_S – bzw. pK_B –Werte größer als –1, jedoch kleiner +4).

Starke Protolyten

Bei starken Protolyten mit pK_S – bzw. pK_B –Werten < -1 kann bei Ausgangskonzentrationen unter 1 mol/l von einer vollständigen Protolyse ausgegangen werden. Man erhält gute Näherungswerte, wenn man zur Berechnung von pH-Werten folgende Gleichungen heranzieht:

$$c(H_3O^+) = c_0(HA) + \sqrt{K_W} \quad \textit{für Säuren;} \tag{3.67}$$

$$c(OH^-) = c_0(B) + \sqrt{K_W} \quad \textit{für Basen.} \tag{3.68}$$

Bei Vernachlässigung der Eigendissoziation des Wassers ergeben sich folgende pH-Werte:

$$pH = -\lg c_0(HA) \quad \textit{für Säuren;} \tag{3.69}$$

$$pH = 14 + \lg c_0(B) \quad \textit{für Basen.} \tag{3.70}$$

Schwache Protolyten

Bei schwachen Protolyten mit pK_S – bzw. pK_B –Werten > +4 kann für die üblicherweise vorliegenden Konzentrationen zwischen 10^{-4} mol/l und 1 mol/l folgende Berechnung als gute Näherung angesehen werden, wobei man paradoxerweise davon ausgeht, dass eine Protolyse praktisch nicht erfolgt ist, z. B. hier für eine Säure:

$$c(HA) = c_0(HA) \, . \tag{3.71}$$

Man setzt in (3.60) ein:

$$c^2(H_3O^+) = c_0(HA) \, K_S + K_W \, ; \tag{3.72}$$

$$c(H_3O^+) = \sqrt{c_0(HA) \, K_S + K_W} \quad \textit{für Säuren} \, ; \tag{3.73}$$

$$c(OH^-) = \sqrt{c_0(B) \, K_B + K_W} \quad \textit{für Basen} \, . \tag{3.74}$$

Unter Vernachlässigung der Eigendissoziation des Wassers erhält man folgende pH-Werte:

$$pH = \frac{1}{2}pK_S - \frac{1}{2}\lg c_0(HA) \quad \textit{für Säuren} \, ; \tag{3.75}$$

$$pH = 14 - \frac{1}{2}pK_B + \frac{1}{2}\lg c_0(B) \quad \textit{für Basen} \, . \tag{3.76}$$

Pufferung. Wird ein Salz einer schwachen Säure in Wasser gelöst und anschließend eine starke Säure hinzudosiert, so bleibt der pH-Wert stabiler, als wenn das Salz nicht vorliegen würde. Dies lässt sich durch eine Protolysereaktion erklären, bei der die starke Säure verbraucht und die schwache Säure freigesetzt wird, z. B. bei der Reaktion von Natriumacetat mit Salzsäure:

$$NaOAc + HCl \rightarrow NaCl + HOAc \, .$$

Dieses Phänomen wird als *Pufferung* bezeichnet; Acetat wirkt hier als *pH-Puffer*. Ähnlich verhält es sich mit den Salzen schwacher Basen, z. B. Ammoniumchlorid, die als pH-Puffer gegenüber starken Basen wirken:

$$NH_4Cl + NaOH \rightarrow NaCl + NH_3 + H_2O \, .$$

Systeme, die eine Säure und gleichzeitig ihre konjugierte Base enthalten, können sowohl als pH-Puffer gegenüber starken Säuren als auch gegenüber starken Basen wirken. Solche Gemische werden *Puffergemische* genannt. Die pH-Werte solcher Gemische lassen sich allerdings nur dann einigermaßen gut berechnen, wenn die Konzentrationen der am Protolysegleichgewicht beteiligten Stoffe so hoch sind, dass die Eigendissoziation des Wassers vernachlässigt werden kann. Ausgehend von (3.49) erhält man:

$$pK_S = pH - \lg \frac{c\,(A^-)}{c\,(HA)}$$

und durch Auflösen nach dem gesuchten pH-Wert

$$pH = pK_S + \lg \frac{c\,(A^-)}{c\,(HA)}\,. \tag{3.77}$$

Dies ist die *Pufferformel* nach Henderson-Hasselbalch, die nicht nur die Berechnung von pH-Werten ermöglicht, sondern nach entsprechender Umstellung auch die Berechnung des Konzentrationsverhältnisses „dissoziierter Protolyt zu undissoziiertem Protolyten":

$$\lg \frac{c\,(A^-)}{c\,(HA)} = pH - pK_S\;; \tag{3.78}$$

$$\frac{c\,(A^-)}{c\,(HA)} = 10^{\,pH - pK_S}\,. \tag{3.79}$$

Entsprechende Gleichungen für Basen und ihre konjugierten Säuren aufzustellen, ist völlig unnötig, da ja jedes dieser Systeme auch ein System aus Säure und konjugierter Base darstellt.

Damit die mit der Pufferformel möglichen Berechnungen aussagekräftiger werden, wird an dieser Stelle der *Protolysegrad* eingeführt. Man versteht darunter den Anteil eines Stoffes, der eine Protolysereaktion erfahren hat. Zur besseren Anschaulichkeit soll hier unterschieden werden, ob jeweils der Protolysegrad einer Säure oder einer Base betrachtet werden soll. Im Fall einer Säure soll hier der alte Begriff *Dissoziationsgrad* verwendet werden, bei Basen dagegen der Begriff *Protonierungsgrad*. Beide Größen nehmen Werte zwischen 0 und 1 an, können aber auch prozentual ausgedrückt werden.

Der Dissoziationsgrad α einer Säure HA ist dann folgendermaßen definiert, eine sinnvolle Umformung erfolgt in der zweiten Zeile:

$$\alpha = \frac{c\,(A^-)}{c_0\,(HA)} = \frac{c\,(A^-)}{c\,(HA) + c\,(A^-)}$$

$$= \left(\frac{c\,(HA) + c\,(A^-)}{c\,(A^-)} \right)^{-1} = \left(\frac{c\,(HA)}{c\,(A^-)} + 1 \right)^{-1} = \left[\left(\frac{c\,(A^-)}{c\,(HA)} \right)^{-1} + 1 \right]^{-1} . \quad (3.80)$$

Durch Einsetzen von (3.79) erhält man den Dissoziationsgrad als Funktion von pH- und pK_S-Wert:

$$\alpha = \left[\left(10^{pH - pK_S} \right)^{-1} + 1 \right]^{-1} = \left(10^{pK_S - pH} + 1 \right)^{-1} . \quad (3.81)$$

Aus der in (3.80) enthaltenen Definition folgt auch:

$$1 - \alpha = \frac{c\,(HA)}{c\,(HA) + c\,(A^-)} . \quad (3.82)$$

(3.80)(1. Zeile) und (3.82) liefern in (3.83) das Verhältnis von dissoziiertem zu undissoziiertem Protolyten. Dieser Ausdruck lässt sich in die Henderson-Hasselbalch-Gleichung (3.77) so einsetzen, dass man den pH-Wert als Funktion des pK_S-Wertes und des Dissoziationsgrades erhält:

$$\frac{c\,(A^-)}{c\,(HA)} = \frac{\alpha}{1 - \alpha} ; \quad (3.83)$$

$$pH = pK_S + \lg \frac{\alpha}{1 - \alpha} . \quad (3.84)$$

Der Protonierungsgrad β einer Base folgt aus dem Dissoziationsgrad ihrer konjugierten Säure durch Ergänzung zu 1:

$$\beta = 1 - \alpha . \quad (3.85)$$

Auf Grund dieser Beziehung können die Gleichungen (3.81) und (3.84) auch zur Berechnung von Basen eingesetzt werden.

Das Konzentrationsverhältnis $c(A^-)/c(HA)$ einerseits und Dissoziationsgrad α andererseits dürfen nicht verwechselt werden; das Konzentrationsverhältnis gibt das Verhältnis der dissoziierten zur undissoziierten Spezies an, der Dissoziationsgrad dagegen gibt an, zu welchem Anteil bzw. zu wie vielen Prozent der gesamte Protolyt dissoziiert ist. Am Beispiel Essigsäure ($pK_S = +4{,}75$) wird dieser Unterschied in dem folgenden Diagramm demonstriert. Die Berechnung erfolgte nach (3.79) bzw. (3.81).

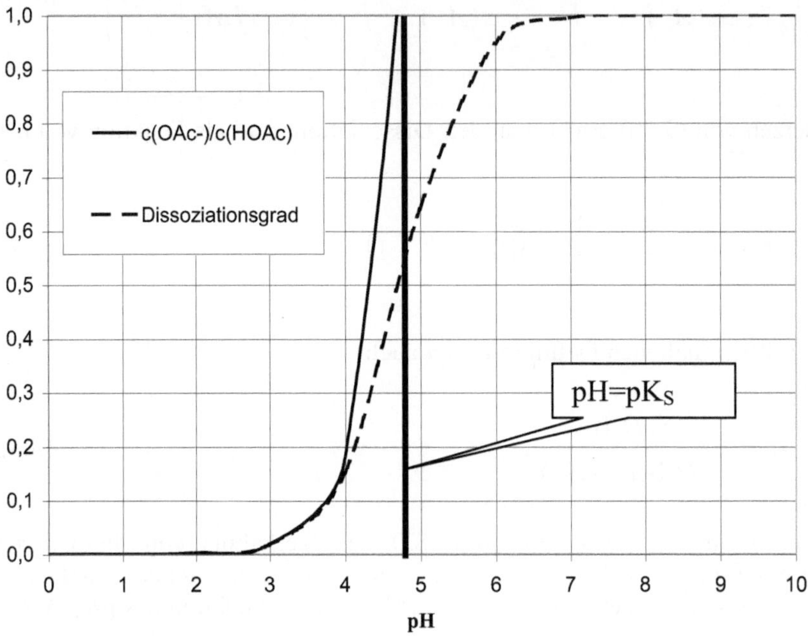

Abb. 3.11: Dissoziation der Essigsäure

Wenn der pH-Wert gleich dem pK_S-Wert ist, dann liegen beide Spezies in genau der gleichen Konzentration vor. Das Konzentrationsverhältnis beträgt somit 1, der Dissoziationsgrad folglich 0,5 bzw. 50%.

Wird einem Puffersystem ein saures Reagenz R hinzugefügt, so lässt sich der resultierende pH-Wert folgendermaßen berechnen:

$$pH = pK_S + \lg \frac{c(A^-) - c(R)}{c(HA) + c(R)} . \tag{3.86}$$

Handelt es sich um ein basisches Reagenz, so ist $c(R)$ im Zähler zu addieren, im Nenner zu subtrahieren.

Rechenbeispiele.

Starke Protolyten

Beispiel 3.15: Eine Salzsäure mit 0,01 mol/l Ausgangskonzentration zeigt entsprechend (3.69) einen pH-Wert von 2,00. Eine Natronlauge von 0,1 mol/l Ausgangskonzentration ergibt nach (3.70) einen pH-Wert von 13,00.

Beispiel 3.16: Eine Salpetersäure von 10^{-9} mol/l Ausgangskonzentration ergibt nach (3.69) pH = 9, was paradoxerweise im Basischen liegt, zumindest jedoch oberhalb pH 5, wo die Eigendissoziation des Wassers nicht mehr vernachlässigt werden darf. Folglich muss (3.67) verwendet werden und man erhält pH 6,996, stärker gerundet pH 7,00.

Schwache Protolyten

Beispiel 3.17: Essigsäure mit 1 mol/l Ausgangskonzentration ergibt nach (3.75) mit pK_S = 4,75 einen pH-Wert von 2,38. Ammoniak mit 0,5 mol/l Ausgangskonzentration ergibt nach (3.76) mit pK_B = 4,75 einen pH-Wert von 11,47.

Beispiel 3.18: Ammoniumchloridlösung mit 10^{-4} mol/l Ausgangskonzentration ergibt nach (3.75) mit pK_S = 9,25 einen pH-Wert von 6,63. Unter Berücksichtigung der Eigendissoziation des Wassers erhält man jedoch nach (3.73) den eher zutreffenden pH-Wert von 6,59.

Mittelstarke Protolyten

Beispiel 3.19: Ortho-Phosphorsäure dissoziiert in drei Protolysestufen, von denen näherungsweise nur die erste Stufe berücksichtigt wird (pK_S = 2,12). Die folgenden Berechnungen betreffen außerdem einen pH-Bereich, in dem die Eigendissoziation des Wassers ebenfalls vernachlässigt werden darf. Es wurde nach (3.64) gerechnet, wobei also K_W näherungshalber gleich Null gesetzt werden darf. Den Ergebnissen für verschiedene Ausgangskonzentrationen c_0 werden zum Vergleich die Resultate gegenübergestellt, die bei Verwendung der einfacheren Beziehungen (3.69) für starke Säuren bzw. (3.75) für schwache Säuren erhalten werden.

Tab. 3.2: pH-Berechnung bei mittelstarken Protolyten, Beispiel Ortho-Phosphorsäure

c_0 in mol/l	pH (3.64), mittelstark	pH (3.69), stark	pH (3.75), schwach
1	1,08	0,00	1,06
0,1	1,62	1,00	1,56
0,01	2,24	2,00	2,06
0,001	3,05	3,00	2,56

Die nach (3.64) berechneten Tabellenwerte beruhen auf vertretbaren Näherungen, was auf die anderen Berechnungen nicht zutrifft.

Indem man nun diese Tabellenwerte mit denen nach (3.69) bzw. (3.75) erhaltenen vergleicht, erkennt man, dass sich die Phosphorsäure in hoher Konzentration wie eine schwache Säure verhält, bei geringer Konzentration wie eine starke Säure.

Puffersysteme

Beispiel 3.20: Zu wie vielen Prozent ist eine Ameisensäure dissoziiert, wenn ihrer wässrigen Lösung durch Zugabe von z. B. Salzsäure ein pH-Wert von 1 bzw. 3 aufgezwungen wird?

Nach Gleichung (3.81) erhält man $\alpha = 0{,}178\%$ bzw. $15{,}1\%$.

Beispiel 3.21: Ammoniak sei zu 10%, 50% bzw. 90% protoniert (Protonierungsgrad β). Wie lauten die drei pH-Werte?

Für das Ammoniumion beträgt nach (3.85) der Dissoziationsgrad α 90%, 50% bzw. 10%. Nach (3.84) und mit $pK_S = 9{,}25$ erhält man die pH-Werte 10,20 , 9,25 und 8,30.

Beispiel 3.22: Man setzt eine wässrige Lösung von 0,1 mol/l Natriumacetat und 0,2 mol/l Essigsäure an. Nach (3.77) weist diese Pufferlösung einen pH-Wert von 4,45 auf. Man gebe auf einen Liter Lösung einen Milliliter einer Salzsäure mit einer Ausgangskonzentration von 10 mol/l. Welcher pH-Wert wird erreicht?

Die Ausgangskonzentration der Salzsäure beträgt nach der Zugabe

$$c_0 = \frac{10 \text{ mol/l} \cdot 1 \text{ ml}}{1\,1} = 0{,}01 \text{ mol/l}$$

und würde ohne Puffer pH 2 verursachen. Nach (3.86) erhält man jedoch den pH-Wert der Pufferlösung nach Salzsäurezugabe:

$$pH = 4{,}75 + \lg \frac{0{,}1 - 0{,}01}{0{,}2 + 0{,}01} = 4{,}38 \ .$$

Hägg-Diagramm. *Beispiel 3.23:* Die Anwendung eines Hägg-Diagramms wird hier am Beispiel der fraktionierten Auflösung von MnS und ZnS gezeigt:

$$MnS + 2\,H_3O^+ \rightarrow Mn^{2+} + H_2S + 2\,H_2O \ ;$$

$$ZnS + 2\,H_3O^+ \rightarrow Zn^{2+} + H_2S + 2\,H_2O \ .$$

Folgende Konstanten können aufgestellt werden:

$$K_L(MnS) = c\,(Mn^{2+})\,c\,(S^{2-})\;;$$

$$K_L(ZnS) = c\,(Zn^{2+})\,c\,(S^{2-})\;;$$

$$K_S(H_2S) = \frac{c^2(H_3O^+)\,c\,(S^{2-})}{c\,(H_2S)}\;.$$

Aus der Säurekonstante des Schwefelwasserstoffs kann ein Ausdruck für die Sulfidionen-Konzentration erhalten werden und durch Einsetzen in die Löslichkeitsprodukte wiederum Ausdrücke für die Metallionen-Konzentrationen:

$$c\,(S^{2-}) = \frac{K_S(H_2S)\,c\,(H_2S)}{c^2(H_3O^+)}\;;$$

$$c\,(Mn^{2+}) = \frac{K_L(MnS)\,c^2(H_3O^+)}{K_S(H_2S)\,c\,(H_2S)}\;;$$

$$c\,(Zn^{2+}) = \frac{K_L(ZnS)\,c^2(H_3O^+)}{K_S(H_2S)\,c\,(H_2S)}\;.$$

Für Mangan und Zink werden die $\lg c$ – Werte berechnet:

$$\lg c\,(Mn^{2+}) = pK_S(H_2S) - pK_L(MnS) - \lg c\,(H_2S) - 2pH\;;$$

$$\lg c\,(Zn^{2+}) = pK_S(H_2S) - pK_L(ZnS) - \lg c\,(H_2S) - 2pH\;.$$

Es werde von etwa je 1 g MnS bzw. ZnS ausgegangen, was jeweils etwa 10 mmol entspricht. Bei etwa 10 ml Gesamtvolumen ergibt das eine maximale Metallionen- bzw. Schwefelwasserstoff-Konzentration von etwa 1 mol/l. Bei einer Ausgasung von 99% verbliebe eine Restkonzentration an gelöstem Schwefelwasserstoff von etwa 0,01 mol/l ($\lg c = -2$).

Weiterhin können folgende Werte können in die Gleichungen eingesetzt werden:

$$pK_L(MnS) = 15{,}2\,[4]\;;\quad pK_L(ZnS) = 24{,}0\,[8]\;;\quad pK_S(H_2S) = 20\,[2].$$

Der für Schwefelwasserstoff herangezogene Wert bezieht sich auf beide Dissoziationsstufen und ergibt sich durch Addition der Einzel-pK_S-Werte. Im folgenden Diagramm sind die Fällungsgeraden der beiden Sulfide in Abhängigkeit vom pH-Wert aufgetragen.

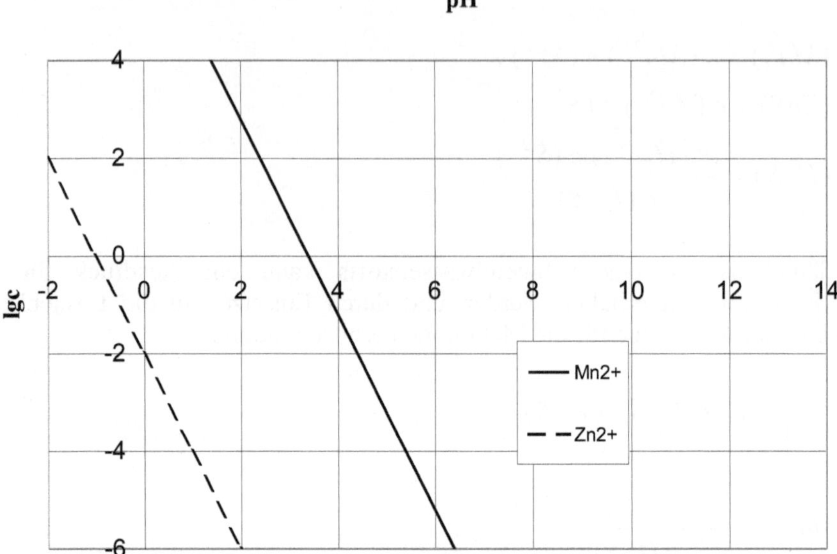

Abb. 3.12: Auflösung von Mangan- und Zinksulfid

Wie oben bereits aufgeführt, wird mit einer maximalen Metallionen-Konzentration von etwa 1 mol/l gerechnet (lg c = 0). Bei Mangansulfid genügt also bereits pH 3,5 zur völligen Auflösung, was mit Essigsäure bewerkstelligt werden kann. Für die Auflösung des Zinksulfides ist jedoch ein pH-Wert von etwa minus 1 nötig, was mit konzentrierter Salzsäure erreicht wird, oder eventuell mit verdünnter Salzsäure, indem man die Schwefelwasserstoff-Konzentration durch Erhitzen des Gemisches weiter verringert.

Titrationskurven. Im Folgenden soll kurz auf die Titrationskurven eingegangen werden, die bei Vorlegen starker sowie schwacher Säuren und Verwendung einer starken Base als Titersubstanz resultieren (Beispiele HCl/NaOH und HOAc/NaOH).

Zunächst wird die „Ausgangskonzentration der zugefügten Base im Gemisch" c_V definiert, als Quotient der bereits zugefügten Stoffmenge OH$^-$ zum näherungsweise als konstant angenommenem Volumen. Als Maß für den Fortgang der Titration wird dann der Titrationsgrad τ definiert. Bei einer Titration einer Säure ist er das Verhältnis von c_V zur vorgelegten Säurekonzentration c_0.

$$c_V = \frac{n(OH^-)}{V}; \quad \tau = \frac{c_V}{c_0}$$

Vor Beginn der Titration, also bei $\tau = 0$, kann der pH-Wert einfach nach (3.69) bzw. (3.75) berechnet werden. Nach Beginn der Titration können für $0 < \tau < 1$ näherungsweise folgende Gleichungen verwendet werden:

starke Säure [nach (3.67)]

$$c(H_3O^+) = c_0 - c_V + \sqrt{K_W} = c_0(1 - \tau) + \sqrt{K_W} \; ;$$

schwache Säure [nach (3.49)]

$$c(H_3O^+) = K_S \frac{c(HA)}{c(A^-)} = K_S \frac{c_0 - c_V}{c_V} = K_S \frac{1 - \tau}{\tau};$$

mit Eigendissoziation des Wassers :

$$c(H_3O^+) = K_S \frac{1 - \tau}{\tau} + \sqrt{K_W} \; .$$

Für $\tau = 1$, also den Äquivalenzpunkt, liegen die entsprechenden Salzlösungen vor, also Lösungen von Natriumchlorid bzw. Natriumacetat. Natriumchlorid ist ein Salz einer starken Säure und einer starken Base, und somit sind seine Lösungen pH-neutral, weisen also pH 7 auf. Natriumacetatlösung zeigt einen basischen pH-Wert, der nach (3.76) berechnet werden kann.

Der weitere Verlauf der Titrationskurve für $\tau > 1$ kann durch folgende Gleichung angenähert werden:

$$c(H_3O^+) = \frac{K_W}{c(OH^-)} = \frac{K_W}{c_0(\tau - 1) + \sqrt{K_W}} \; .$$

Durch diese Berechnungen erhält man die in der folgenden Abbildung aufgeführten praxisnahen Titrationskurven für HCl bzw. HOAc. Man erkennt, dass für die Titration der schwachen Essigsäure bei Verwendung eines Indikators ein solcher eingesetzt werden muss, der im Basischen umschlägt, z. B. Phenolphthalein mit einem Umschlagsbereich pH 8 - 9. Bei der Titration der Salzsäure ist man dagegen bei der Wahl des Indikators verhältnismäßig frei, da am Äquivalenzpunkt ein breiter neutraler pH-Bereich durchlaufen wird. Hier können bei praktisch gleichen Analysenergebnissen Methylorange, Methylrot, Phenolphthalein u. a. eingesetzt werden.

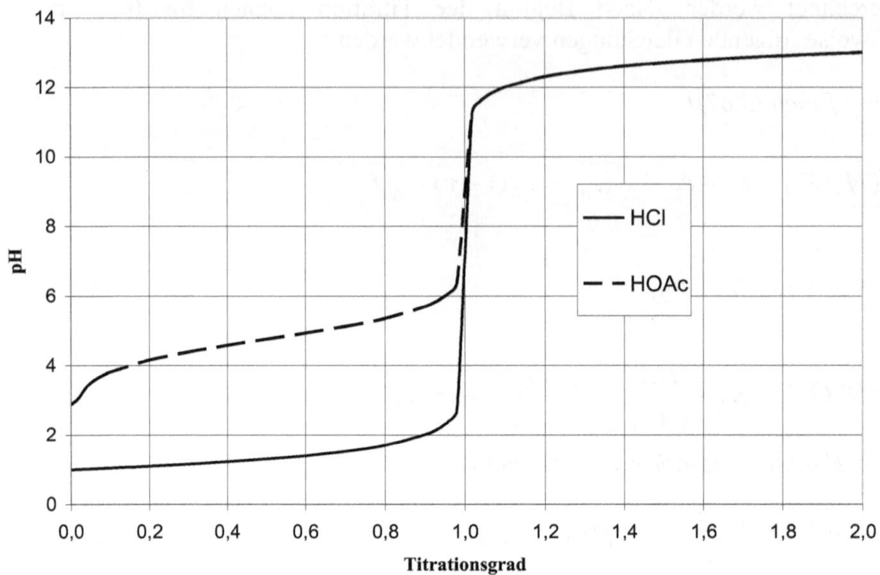

Abb. 3.13: Titrationskurven von Salzsäure und Essigsäure mit Natronlauge

Die Titration starker und schwacher Basen führt zu Titrationskurven, die aus denen der Säuren durch Spiegelung an der Geraden pH = 7 erhalten werden können.

Bei der Titration einer starken Base erhält man somit einen breiten pH-Bereich über den Neutralpunkt bei pH 7 hinweg; folglich kann hier ein Indikator frei gewählt werden. Wird dagegen eine schwache Base titriert, so sollte ein Indikator eingesetzt werden, der im Sauren umschlägt, z. B. Methylorange mit einem Umschlagsbereich pH 4 - 5.

Hydroxidfällungen. Bei den meisten Metallen tritt oberhalb eines von der Metallionen-Konzentration abhängigen pH-Wertes Hydroxidfällung auf. Bei einigen Metallen löst sich der Niederschlag bei weiterer pH-Erhöhung wieder auf, wobei leicht lösliche Hydroxokomplexe gebildet werden. Diese Sachverhalte sind von erheblicher Bedeutung für die Klärung von pH-abhängigen Löslichkeits- und Fällungsphänomenen wie der Korrosion und schließlich auch für die Analytik mit Metallen als Analyten. Die resultierenden Gesamtlöslichkeiten lassen sich gut in einem Hägg-Diagramm darstellen. Dies soll zunächst am Beispiel Zink erläutert werden.

Beispiel 3.24: Zink zeigt eine Fällungsreaktion mit Hydroxidionen:

$$Zn^{2+} + 2\,OH^- \rightarrow Zn(OH)_2 \ .$$

Hierfür ist folgendes Löslichkeitsprodukt definiert:

$$K_L = c\,(Zn^{2+})\,c^2(OH^-)\,.$$

Mit dieser Fällungsreaktion konkurrieren folgende beiden Komplexbildungsreaktionen, für die entsprechende Komplexbildungskonstanten definiert sind und hier für den Fall eines Hydroxid-Bodensatzes umgewandelt werden:

$$Zn^{2+} + OH^- \rightarrow [Zn(OH)]^+ \,;$$

$$K_{F1} = \frac{c\,\{[Zn(OH)]^+\}}{c\,(Zn^{2+})\,c\,(OH^-)} = \frac{c\,\{[Zn(OH)]^+\}\,c\,(OH^-)}{K_L}\,;$$

$$Zn^{2+} + 4\,OH^- \rightarrow [Zn(OH)_4]^{2-} \,;$$

$$K_{F1-4} = \frac{c\,\{[Zn(OH)_4]^{2-}\}}{c\,(Zn^{2+})\,c^4(OH^-)} = \frac{c\,\{[Zn(OH)_4]^{2-}\}}{K_L\,c^2(OH^-)}\,.$$

Aus den hier aufgeführten Beziehungen lassen sich Ausdrücke für die Berechnung der Spezieskonzentrationen ableiten:

$$c\,(Zn^{2+}) = \frac{K_L}{c^2(OH^-)}\,;$$

$$c\,\{[Zn(OH)]^+\} = \frac{K_L\,K_{F1}}{c\,(OH^-)}\,;$$

$$c\,\{[Zn(OH)_4]^{2-}\} = K_L\,K_{F1-4}\,c^2(OH^-)\,.$$

Durch Logarithmieren erhält man lineare Abhängigkeiten vom pH-Wert:

$$\lg c\,(Zn^{2+}) = 2\mathrm{p}OH - \mathrm{p}K_L = 2\mathrm{p}K_W - 2\mathrm{p}H - \mathrm{p}K_L\,;$$

$$\lg c\,\{[Zn(OH)]^+\} = \mathrm{p}OH - \mathrm{p}K_L + \lg K_{F1}$$
$$= \mathrm{p}K_W - \mathrm{p}H - \mathrm{p}K_L + \lg K_{F1}\,;$$

$$\lg c\,\{[Zn(OH)_4]^{2-}\} = -2\mathrm{p}OH - \mathrm{p}K_L + \lg K_{F1-4}$$
$$= -2\mathrm{p}K_W + 2\mathrm{p}H - \mathrm{p}K_L + \lg K_{F1-4}\,.$$

Folgende Zahlenwerte können verwendet werden:

$$\mathrm{p}K_W = 14 \quad \textit{für } 25\,^\circ C\,; \quad \mathrm{p}K_L = 16{,}5 \quad \textit{aus } [2]\,;$$

$$\lg K_{F1} = 5 \quad \textit{aus } [4]\,; \quad \lg K_{F1-4} = 14{,}7 \quad \textit{aus } [4]\,.$$

Bei Auftragung der drei linearen Funktionen erhält man die Löslichkeit der jeweiligen Spezies in Abhängigkeit vom pH-Wert.

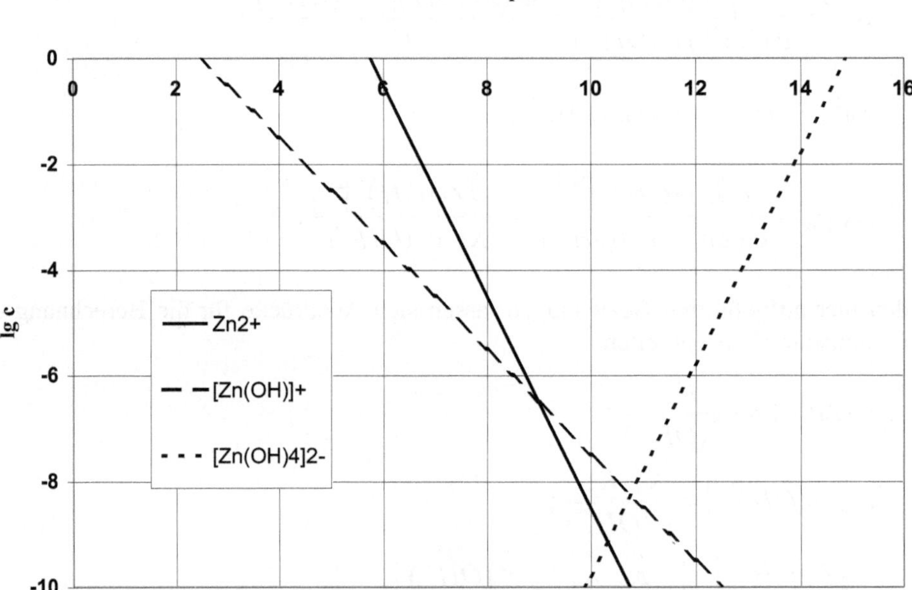

Abb. 3.14: Löslichkeit der Zink-Spezies in Abhängigkeit vom pH-Wert

Dieses Verfahren kann auf andere Metalle freilich ebenso angewandt werden, wobei folgende allgemeine Gleichung angewandt werden kann:

$$\lg c_x = (z - x)(\mathrm{p}K_W - \mathrm{p}H) - \mathrm{p}K_L + \lg K_{F1-x}$$

$$\textit{für Komplexe aus } M^{z+} \textit{ und } x\, OH^-\,.$$

Für x = 0 vereinfacht sich die Gleichung:

$$\lg c = z(\mathrm{p}K_W - \mathrm{p}H) - \mathrm{p}K_L\ ,\quad da\ \lg K_{F0} = 0\ .$$

Für x = z bleibt die Beziehung zwar mathematisch korrekt, wird jedoch physikalisch sinnlos, da sie die Konzentration eines Ionengitters in wässriger Lösung beschreibt.

In der folgenden Abbildung ist das Löslichkeitsverhalten einiger amphoterer Metalle beschrieben, deren Hydroxidniederschläge sich im Basischen wiederauflösen, sowie in einem anderen Diagramm das Verhalten solcher Metalle, bei denen dies nicht beobachtet wird.

Hierbei sind jeweils alle Spezieskonzentrationen addiert und dann logarithmiert worden, so dass man keine Löslichkeitsgeraden erhält, sondern nichtlineare *Löslichkeitskurven*.

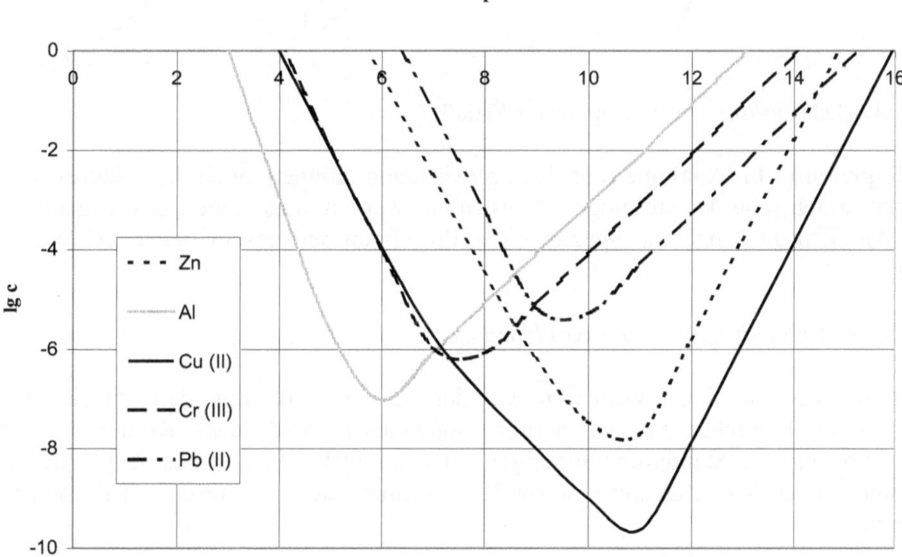

Abb. 3.15: Löslichkeitskurven amphoterer Metalle

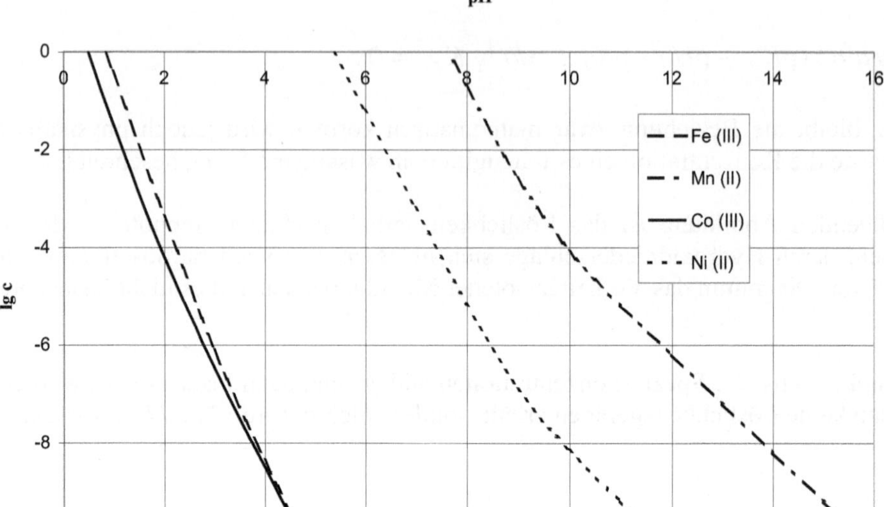

Abb. 3.16: Löslichkeitskurven nichtamphoterer Metalle

Anteilsdiagramm. In Analogie zur Komplexbildung können auch bei Säure-Base-Reaktionen graphische Darstellungen konstruiert werden, aus denen hervorgeht, zu welchen Anteilen die einzelnen Spezies eines Protolyten bei verschiedenen pH-Werten vorliegen.

Beispiel 3.25: Anteilsdiagramm der Kohlensäure

Zunächst werden die Protolysereaktionen der Kohlensäure mit den zugehörigen Säurekonstanten betrachtet, wobei darauf hingewiesen wird, dass Kohlensäure in wässriger Lösung bei Standardbedingungen zu etwa 99% als gelöstes Kohlendioxid vorliegt und von diesem Zustand erst zur Kohlensäure reagieren muss, um danach zu dissoziieren:

$$CO_2 + H_2O \rightarrow H_2CO_3 ; \quad H_2CO_3 + H_2O \rightarrow H_3O^+ + HCO_3^- ;$$

$$K_{S1} = \frac{c\,(H_3O^+)\,c\,(HCO_3^-)}{c\,(CO_{2\Sigma})} \quad mit \quad c\,(CO_{2\Sigma}) = c\,(CO_2) + c\,(H_2CO_3) ;$$

$$HCO_3^- + H_2O \rightarrow H_3O^+ + CO_3^{2-} ;$$

$$K_{S2} = \frac{c\,(H_3O^+)\,c\,(CO_3^{2-})}{c\,(HCO_3^-)} ;$$

$$K_{S\Sigma} = \frac{c^2\,(H_3O^+)\,c\,(CO_3^{2-})}{c\,(CO_{2\Sigma})} = K_{S1}\,K_{S2} .$$

Die Anionen-Konzentrationen lassen sich also durch die Gesamtkohlensäure-Konzentration $c(CO_{2\Sigma})$ ausdrücken:

$$c\,(HCO_3^-) = c\,(CO_{2\Sigma})\frac{K_{S1}}{c\,(H_3O^+)} ; \quad c\,(CO_3^{2-}) = c\,(CO_{2\Sigma})\frac{K_{S\Sigma}}{c^2\,(H_3O^+)} .$$

Die Summe der drei Spezies-Konzentrationen lässt sich also als Vielfaches von $c(CO_{2\Sigma})$ ausdrücken, wobei der in eckigen Klammern aufgeführte Faktor der kürzeren Schreibweise halber fortan als ξ bezeichnet wird; dann wird nach $c(CO_{2\Sigma})$ aufgelöst:

$$c\,(C_\Sigma) = c\,(CO_{2\Sigma}) + c\,(HCO_3^-) + c\,(CO_3^{2-})$$

$$= c\,(CO_{2\Sigma})\left[1 + \frac{K_{S1}}{c\,(H_3O^+)} + \frac{K_{S\Sigma}}{c^2\,(H_3O^+)}\right] = c\,(CO_{2\Sigma})\cdot\xi ;$$

$$c\,(CO_{2\Sigma}) = \frac{c\,(C_\Sigma)}{\xi} .$$

Für die Anionen-Spezies erhält man dann folgende Ausdrücke mit $c(C_\Sigma)$:

$$c\,(HCO_3^-) = \frac{c\,(C_\Sigma)}{\xi}\cdot\frac{K_{S1}}{c\,(H_3O^+)} ; \quad c\,(CO_3^{2-}) = \frac{c\,(C_\Sigma)}{\xi}\cdot\frac{K_{S\Sigma}}{c^2\,(H_3O^+)} .$$

Für alle drei interessierenden Spezies erhält man die gesuchten Anteile, indem durch $c(C_\Sigma)$ dividiert wird:

$$F\,(CO_{2\Sigma}) = \frac{1}{\xi} ; \quad F\,(HCO_3^-) = \frac{1}{\xi}\cdot\frac{K_{S1}}{c\,(H_3O^+)} ; \quad F\,(CO_3^{2-}) = \frac{1}{\xi}\cdot\frac{K_{S\Sigma}}{c^2\,(H_3O^+)} .$$

Durch Logarithmieren erhält man folgende Gleichungen, die im Diagramm aufgetragen werden:

$$\lg F\ (CO_{2\Sigma}) = -\lg \xi \ ;$$

$$\lg F\ (HCO_3^{-}) = pH - pK_{S1} - \lg \xi \ ;$$

$$\lg F\ (CO_3^{2-}) = 2pH - pK_{S\Sigma} - \lg \xi \ .$$

Als Zahlenwerte können verwendet werden:

$$pK_{S1} = 6{,}35 \quad aus\ [2]\ ; \quad pK_{S2} = 10{,}33 \quad aus\ [2]\ ;$$

$$pK_{S\Sigma} = pK_{S1} + pK_{S2} = 16{,}68 \ .$$

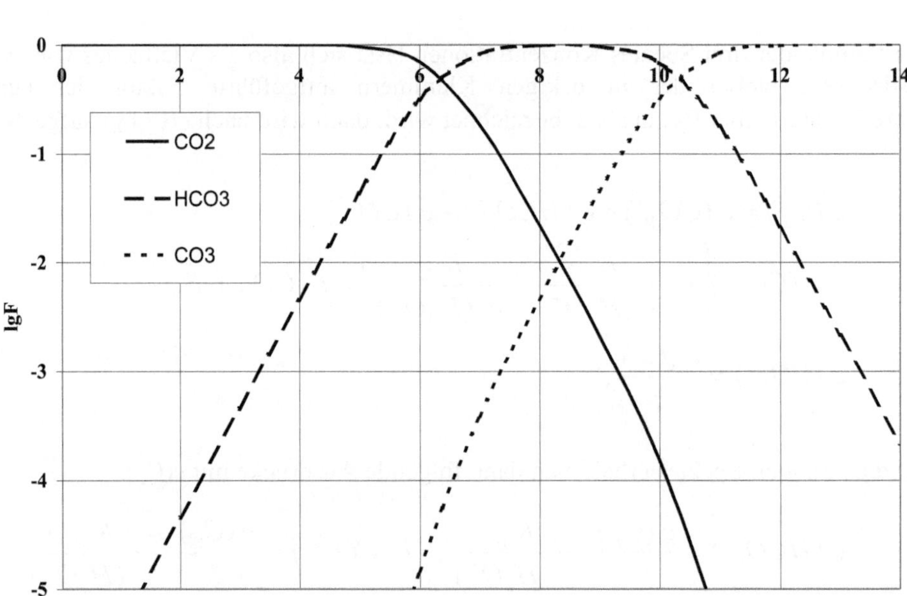

Abb. 3.17: Anteile der Kohlensäure-Spezies in Abhängigkeit vom pH-Wert

Aus einem solchen Diagramm kann die Spezies-Zusammensetzung schnell abgelesen werden. Anteile oberhalb von 1% (lg F = -2) treten bei Kohlensäure/Kohlendioxid nur unter etwa pH 8,3 auf, bei Hydrogencarbonat nur im pH-Bereich von etwa 4,3 – 12,3 und bei Carbonat nur über etwa pH 8,3.

3.5   Redoxreaktionen

Grundbegriffe. Unter *Oxidation* verstand man ursprünglich die Reaktion eines Stoffes mit Sauerstoff, z. B. bei der Verbrennung. Die Bedeutung des Begriffs Oxidation wurde schließlich dahingehend erweitert, dass man darunter eine beliebige Reaktion versteht, bei der ein Stoff Elektronen an einen anderen Stoff abgibt. Aus einer reduzierten Spezies wird hierbei eine oxidierte Spezies:

$$\text{Red 1} \rightarrow \text{Ox 1} + z\,e^-.$$

Die Aufnahme dieser Elektronen durch den betreffenden Reaktionspartner nennt man *Reduktion.* Hier wird die oxidierte Spezies zu einer reduzierten Spezies:

$$\text{Ox 2} + z\,e^- \rightarrow \text{Red 2}$$

Diese beiden Reaktionsarten sind also stets miteinander verbunden, die Gesamtreaktion wird als *Redoxreaktion* bezeichnet:

$$\text{Red 1} + \text{Ox 2} \rightarrow \text{Ox 1} + \text{Red 2}$$

Reduzierte und oxidierte Spezies eines Stoffes bilden ein sogenanntes *Redoxpaar.* Solche Redoxpaare können beliebige Stoffpaare sein, die *reversibel* oder – seltener – auch *irreversibel* durch Oxidation oder Reduktion ineinander überführt werden können. Ein Beispiel hierfür ist die – theoretisch reversible – Reaktion von metallischem Zink mit Kupfer(II)-Salz-Lösungen:

$$\text{Zn} + \text{Cu}^{2+} \rightarrow \text{Zn}^{2+} + \text{Cu} \downarrow$$

Die dem Element zukommende Ladung, die *Oxidationsstufe* oder *Oxidationszahl,* erhöht sich bei der Oxidation und verringert sich folglich bei der Reduktion.

Es ist oft wichtig, die *Wahrscheinlichkeit von Redoxreaktionen* richtig einzuschätzen. Hierzu sollen die folgenden Ausführungen zur Elektrolyse und zu den elektrochemischen Potentialen dienen.

Elektrolyse. Oxidation und Reduktion können zwar zur gleichen Zeit, jedoch an verschiedenen Orten, und zwar an verschiedenen Grenzflächen, den sogenannten *Elektroden* stattfinden, wenn die Elektronen mit Hilfe eines elektrischen Leiters zwischen diesen Elektroden transportiert werden. Dieser Vorgang wird als *Elektrolyse* bezeichnet und ist mit Redoxreaktionen verbunden, die an den Elektroden stattfinden [10]. Eine Elektrolyse kann durch Anlegen einer elektrischen Spannung hervorgerufen werden *(äußere Elektrolyse)* oder sie läuft spontan ab, wobei chemische Energie in elektrische Energie umgewandelt wird *(innere Elektrolyse).*

Ein Beispiel für eine äußere Elektrolyse ist die elektrolytische Raffination von Kupfer:

$$Cu \rightarrow Cu^{2+} + 2\ e^{-} \qquad \textit{anodische Oxidation (Anode = Pluspol);}$$

$$Cu^{2+} + 2\ e^{-} \rightarrow Cu \downarrow \quad \textit{kathodische Reduktion (Kathode = Minuspol).}$$

Die äußere Elektrolyse ist ein Vorgang von hoher technischer Bedeutung, z. B. bei der elektrolytischen Raffination von Metallen, der Chlor-Alkali-Elektrolyse, der galvanischen Beschichtung von Metallen und auch bei der Elektroanalytik (s. Kap. 4!).

Eine Apparatur, in der eine innere Elektrolyse ablaufen kann und die dann elektrische Energie liefert, wird als *galvanisches Element* bezeichnet, seine beiden Elektroden als *galvanische Halbelemente*. Bei den zur Energiegewinnung eingesetzten galvanischen Elementen unterscheidet man die wieder aufladbaren *Akkumulatoren* sowie nicht wieder aufladbare galvanische Elemente, die oft parallel zusammengeschaltet sind und daher volkstümlich *Batterien* genannt werden. Die innere Elektrolyse beruht in diesen Fällen auf einer Spannung, die zwischen den Elektroden gemessen werden kann.

Die zugrundeliegenden Redoxreaktionen sind z. B. in dem einen Halbelement die Oxidation eines verhältnismäßig unedlen Metalls sowie die gleichzeitige Reduktion der Kationen eines edleren Metalls im anderen Halbelement. Als Beispiel sind hier die Reaktionen des Daniell-Elements aufgeführt; auf die abweichenden Elektrodenbezeichnungen bei galvanischen Elementen wird hingewiesen:

$$Zn \rightarrow Zn^{2+} + 2\ e^{-} \qquad \textit{anodische Oxidation (Anode = Minuspol);}$$

$$Cu^{2+} + 2\ e^{-} \rightarrow Cu \downarrow \quad \textit{kathodische Reduktion (Kathode = Pluspol).}$$

In jedem dieser Halbelemente stellen die Metallkationen eine oxidierte Spezies, die Metallatome dagegen die entsprechende reduzierte Spezies dar.

Wird die Spannung zwischen einem Halbelement, das man *Standardwasserstoffelektrode* nennt [11], sowie einem beliebigen anderen Halbelement unter *Standardbedingungen* gemessen, so nennt man den Messwert das *Standardpotential E^{0}* dieses Halbelements [2]. In anderer Literatur ist auch von Normalwasserstoffelektrode, Normalbedingungen und Normalpotentialen die Rede, obwohl das selbe gemeint ist [8, 10].

Standard- bzw. Normalbedingungen für die Messung von Elektrodenpotentialen sind: 1,013 bar, 25 °C, Aktivitäten der gelösten Stoffe 1 mol/l [2]. Die Standardwasserstoffelektrode besteht aus platiniertem Platin, das in eine Lösung mit 1 mol/l Wasserstoffionen-Aktivität eintaucht [11]. Eine Liste mit Standardpotentialen befindet sich in Kap. 6. Stellt man ausschließlich Standardpotentiale von Metallen in einer Liste zusammen, so spricht man von der *Spannungsreihe* der Metalle.

Die Konzentrationsabhängigkeit messbarer Elektrodenpotentiale wird durch die *Nernst-Gleichung* ausgedrückt, aus der sich das *Nernst-Potential* errechnen lässt:

$$E = E^0 + \frac{RT}{zF} \ln \frac{c\,(Ox)}{c\,(Red)} \; . \tag{3.87}$$

R ist hier die Gaskonstante, F die Faraday-Konstante, T die Kelvin-Temperatur und z die Anzahl der bei der Oxidation oder Reduktion übergehenden Elektronen.

Das Konzentrationsverhältnis von oxidierter zu reduzierter Spezies kann noch zusätzliche Exponenten oder auch noch zusätzliche Stoffe enthalten: Es handelt sich um die Gleichgewichtskonstante der Oxidationsreaktion unter Weglassung von Wassermolekülen, die bei der Reaktion entstehen oder dabei verbraucht werden. Beispiele hierzu sind unten aufgeführt.

Bei 25 °C kann die vereinfachte Form der Nernst-Gleichung verwendet werden:

$$E = E^0 + \frac{59\,\text{mV}}{z} \lg \frac{c\,(Ox)}{c\,(Red)} \; . \tag{3.88}$$

Aussagekraft elektrochemischer Potentiale. Nernst-Potentiale sind geeignete Hilfsmittel, den Ablauf von Redoxreaktionen vorherzusagen. Hierbei gilt folgender Merksatz:

> *Je positiver das Nernst-Potential eines Redoxpaars ist, desto stärker ist das Bestreben der betreffenden oxidierten Spezies, in den reduzierten Zustand überzugehen.*

An dieser Stelle wird auf die richtige Verwendung der Begriffe Oxidationsmittel und Reduktionsmittel hingewiesen:

> *Eine oxidierte Spezies gilt dann als **starkes Oxidationsmittel,** wenn das betreffende Redoxpaar ein außerordentlich hohes Nernst-Potential aufweist (etwa > + 0,9 V). Die zugehörige reduzierte Spezies gilt dann als **schwaches Reduktionsmittel.***

> *Eine reduzierte Spezies gilt dann als **starkes Reduktionsmittel,** wenn das betreffende Redoxpaar ein außerordentlich niedriges Nernst-Potential aufweist (etwa < + 0,25 V). Die zugehörige oxidierte Spezies gilt dann als **schwaches Oxidationsmittel.***

*Ist das Nernst-Potential eines Redoxpaars höher als das eines anderen Redoxpaars, so wird die oxidierte Spezies des Erstgenannten als **das stärkere Oxidationsmittel** bezeichnet, die zugehörige reduzierte Spezies als **das schwächere Reduktionsmittel**.*

Bei der Reaktion zwischen metallischem Zink und einer Kupfer(II)-Salz-Lösung sind zwei Standardpotentiale entscheidend, die unter Standardbedingungen mit den jeweiligen Nernst-Potentialen identisch sind (Werte aus [4]):

$$E^0(Zn/Zn^{2+}) = -0,76\ \text{V}\ ;\quad E^0(Cu/Cu^{2+}) = +0,34\ \text{V}\ .$$

Aus diesen Werten kann dem Merksatz entsprechend entnommen werden, dass Kupfer(II) leichter zum Metall reduziert wird als dies bei Zinkionen der Fall ist. Folglich wird diese Reaktion thermodynamisch begünstigt sein, also verstärkt ablaufen, bis zu einem Gleichgewichtszustand, bei dem die Reaktionsprodukte überwiegen:

$$Zn\ +\ Cu^{2+}\ \rightarrow\ Zn^{2+}\ +\ Cu\downarrow\ .$$

Das Standardpotential und somit auch das Nernst-Potential kann durch Komplexbildungsreaktionen, Säure-Base-Reaktionen und Fällungsreaktionen stark beeinflusst werden. Die Einflüsse der Säure-Base-Reaktionen und der Fällungsreaktionen werden weiter unten behandelt werden, die Auswirkungen von Komplexbildungsreaktionen auf die Potentiale werden dagegen an dieser Stelle exemplarisch behandelt.

In [7] findet sich folgende Gegenüberstellung zweier Standardpotentiale:

$$E^0\left\{[Co(H_2O)_6]^{2+}/[Co(H_2O)_6]^{3+}\right\} = +1,80\ \text{V}\ ;$$
$$E^0\left\{[Co(NH_3)_6]^{2+}/[Co(NH_3)_6]^{3+}\right\} = +0,10\ \text{V}\ .$$

Das erste der beiden Standardpotentiale ist nichts anderes als das Potential $E^0(Co/Co^{2+})$.

Man erkennt, dass Cobalt(III) im Fall von Wasser als Ligand ein stärkeres Oxidationsmittel darstellt, als wenn Ammoniak der Ligand ist. Ammoniak stabilisiert offenbar die Oxidationsstufe +III des Cobalts. Erklären lässt sich der Effekt durch das stärkere Ligandenfeld des starken Komplexbildners Ammoniak und die damit verbundene stärkere Aufspaltung der d-Orbitale des Cobalts in drei niedrige und zwei hohe Niveaus (Symmetriegruppen t_{2g} bzw. e_g).

Beim Cobalt(III) liegen nur sechs Außenelektronen vor, die die drei nunmehr energetisch besonders niedrigen d-Orbitale genau besetzen, beim Cobalt(II) dagegen muss das siebte Außenelektron auf das nunmehr besonders hohe Energieniveau der restlichen beiden d-Orbitale.

Redox-Diagramme. Im Folgenden werden einige Redoxpaare exemplarisch hinsichtlich der Abhängigkeit von Fällungs- und Säure-Base-Reaktionen betrachtet. Schließlich werden Redox-Diagramme aufgestellt, die Aussagen darüber zulassen, welche Redoxreaktionen bei welchen pH-Werten überwiegen können. Die im Folgenden verwendeten Standardpotentiale gelten im Sauren und sind aus [4] entnommen.

Potentiell pH-unabhängige Redoxpaare

Chlorid/Chlor

Zunächst wird die Reaktionsgleichung für das betreffende Redoxpaar aufgestellt, danach wird die Nernst-Gleichung speziell für dieses Redoxpaar formuliert:

$$2\,Cl^- \rightarrow Cl_2 + 2\,e^- ;$$

$$E = E^0 + \frac{59\,\text{mV}}{2}\,\lg\frac{c\,(Cl_2)}{c^2(Cl^-)}\,.$$

Es soll näherungsweise angenommen werden, dass Chlor und Chlorid zunächst in der selben Konzentration vorlagen, dass jedoch dann eine 99%ige Ausgasung des Chlorgases erfolgte:

$$c\,(Cl_2) = 0{,}01\,c\,(Cl^-)\,;$$

$$E = E^0 + \frac{59\,\text{mV}}{2}\,\lg\frac{0{,}01}{c\,(Cl^-)}\,.$$

Zwei plausible Chloridkonzentrationen werden angenommen:

$$c\,(Cl^-) = 0{,}1\,\text{mol/l}\,;\quad E = E^0 - \frac{59\,\text{mV}}{2}\,;$$

$$c\,(Cl^-) = 0{,}001\,\text{mol/l}\,;\quad E = E^0 + \frac{59\,\text{mV}}{2}\,.$$

Da Wasserstoffionen nicht an der Reaktion beteiligt sind, ist das Nernst-Potential auch nicht pH-abhängig. Als Standardpotential wird verwendet: $E^0 = +\,1{,}36\,\text{V}$.

Eisen(II)/Eisen(III)

Zunächst wird wie beim Chlor vorgegangen:

$$Fe^{2+} \rightarrow Fe^{3+} + e^- ;$$

$$E = E^0 + 59\ mV \cdot \lg \frac{c\,(Fe^{3+})}{c\,(Fe^{2+})} \ .$$

Liegen die beiden Spezies in der gleichen Konzentration vor, so sind also Nernst-Potential und Standardpotential identisch. Es ergibt sich: $E = E^0 = + 0{,}77$ V.

Diese Betrachtung geht davon aus, dass beide Spezies in ungesättigter Lösung vorliegen. Liegen jedoch eine gesättigte Lösung von Eisen(III) sowie festes Eisen(III)-hydroxid vor, so gilt:

$$c\,(Fe^{3+}) = \frac{K_L\left[Fe(OH)_3\right]}{c^3\,(OH^-)}\ ; \quad E = E^0 + 59\ mV \cdot \lg \frac{K_L\left[Fe(OH)_3\right]}{c^3\,(OH^-)\,c\,(Fe^{2+})} \ .$$

Für eine Eisen(II)-Konzentration von 0,1 mol/l erhält man:

$$E = E^0 + 59\ mV \cdot (3\ pOH - pK_L - \lg 0{,}1)$$
$$= E^0 + 59\ mV \cdot (3\ pK_W - 3\ pH - pK_L + 1)\ .$$

pK_W für 25 °C beträgt 14, pK_L für Eisen(III)-hydroxid beträgt nach [4] 37,2.

Man erhält folglich eine pH-Abhängigkeit bei Eisen nur dann, wenn man annimmt, dass beim betrachteten pH-Bereich bereits Eisen(III)-hydroxid ausfallen kann statt erst bei höheren pH-Werten.

Redox-Diagramm für potentiell pH-unabhängige Redoxpaare (Chlor/Eisen)

Die jeweils zwei Geradengleichungen der bis jetzt behandelten Redoxpaare werden in einem Diagramm aufgetragen. Es handelt sich hier nicht um ein doppelt-logarithmisches Hägg-Diagramm, sondern um eine einfach-logarithmische Darstellung, eine Auftragung des Nernst-Potentials über einer logarithmischen Größe, dem pH-Wert.

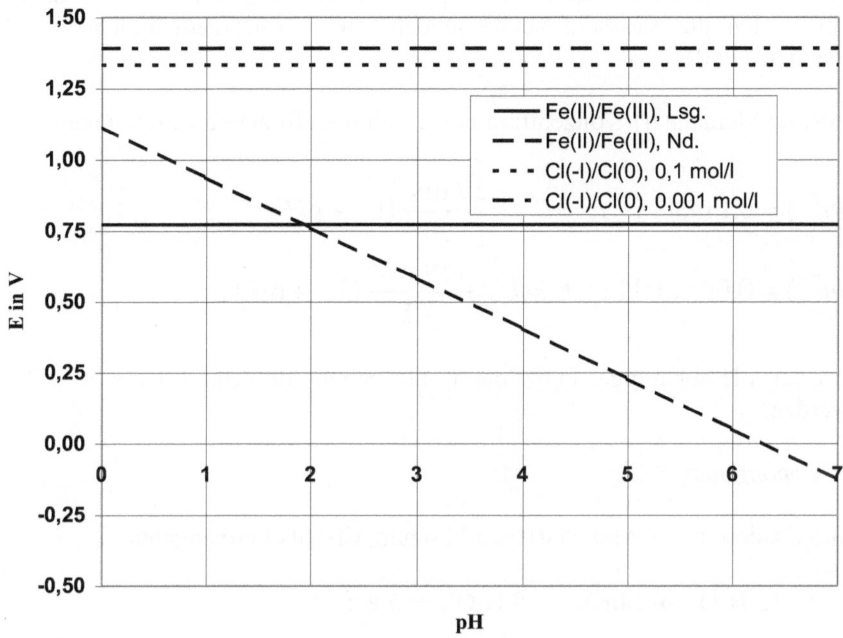

Abb. 3.18: Redox-Diagramm für potentiell pH-unabhängige Redoxpaare

Aus diesem Diagramm kann ersehen werden, dass elementares Chlor im gesamten betrachteten pH-Bereich das stärkere Oxidationsmittel darstellt und somit Eisen(II) zu Eisen(III) zu oxidieren vermag, wobei es gleichgültig ist, ob Eisen(III)-hydroxid ausfallen kann oder nicht. Die Oxidationswirkung des Chlors ist um dabei um so größer, je geringer die Chloridkonzentration ist. Die Reduktionswirkung des Eisens(II) ist bei Auftreten einer Fällungsreaktion um so größer, je höher der pH-Wert ist und je stärker somit Eisen(III) durch Fällung dem Redox-Gleichgewicht entzogen wird.

pH-abhängige Redoxpaare

Mangan(II)/Mangan(IV)-oxid

Hier kann auch im Sauren davon ausgegangen werden, dass bei einer Oxidation von Mangan(II) zu Mangan(IV) stets Mangan(IV)-oxid ausfällt:

$$Mn^{2+} + 6\,H_2O \rightarrow MnO_2 \downarrow + 4\,H_3O^+ + 2\,e^- \ ;$$

$$E = E^0 + \frac{59\,\text{mV}}{2}\lg\frac{c^4(H_3O^+)}{c\,(Mn^{2+})}\ .$$

Die Konzentration des kristallinen Stoffs Mangan(IV)-oxid in Wasser ist unsinnig und erscheint daher nicht in der Nernst-Gleichung. Die Hydroniumionen müssen dagegen berücksichtigt werden, die Wasssermoleküle jedoch vereinbarungsgemäß nicht (s. (3.87) und nachfolgenden Text!).

Für zwei plausible Mangan(II)-Konzentrationen erhält man folgende Beziehungen:

$$c\,(Mn^{2+}) = 0{,}1 \text{ mol/l} \; ; \quad E = E^0 + \frac{59 \text{ mV}}{2}\,(1 - 4\,\mathrm{p}H) \; ;$$

$$c\,(Mn^{2+}) = 0{,}001 \text{ mol/l} \; ; \quad E = E^0 + \frac{59 \text{ mV}}{2}\,(3 - 4\,\mathrm{p}H) \, .$$

Man erhält zwei pH-abhängige Funktionen, als Standardpotential kann + 1,21 V verwendet werden.

Mangan(II)/Permanganat

Es erfolgt eine Oxidation von Mangan(II) zu Mangan(VII) als Permanganat:

$$Mn^{2+} + 12\,H_2O \rightarrow MnO_4^- + 8\,H_3O^+ + 5\,e^- \; ;$$

$$E = E^0 + \frac{59 \text{ mV}}{5}\,\lg \frac{c\,(MnO_4^-)\,c^8(H_3O^+)}{c\,(Mn^{2+})} \, .$$

Vereinfachend wird angenommen, dass beide Spezies in gleicher Konzentration vorliegen, woraus folgt:

$$E = E^0 - \frac{59 \text{ mV}}{5} \cdot 8\,\mathrm{p}H \, .$$

Das Nernst-Potential hängt vom pH-Wert ab, das Standardpotential beträgt + 1,49 V.

Chrom(III)/Dichromat

Im Sauren kann Chrom(III) zu Chrom(VI) oxidiert werden, das dann als Dichromat vorliegt:

$$2\,Cr^{3+} + 21\,H_2O \rightarrow Cr_2O_7^{2-} + 14\,H_3O^+ + 6\,e^- :$$

$$E = E^0 + \frac{59\,\text{mV}}{6}\,\lg\frac{c\,(Cr_2O_7^{\,2-})\,c^{14}(H_3O^+)}{c^2(Cr^{3+})}\,.$$

Unter der Annahme eines halbstöchiometrischen Umsatzes und somit äquivalenter Konzentrationen der beiden Spezies ist die Dichromatkonzentration gerade halb so groß wie die Chrom(III)-Konzentration, woraus folgt:

$$E = E^0 + \frac{59\,\text{mV}}{6}\,\lg\frac{0{,}5\,c^{14}(H_3O^+)}{c\,(Cr^{3+})}\,.$$

Für zwei Chrom(III)-Konzentrationen erhält man verschiedene pH-abhängige Beziehungen:

$$c\,(Cr^{3+}) = 0{,}1\,\text{mol/l}\;;\quad E = E^0 + \frac{59\,\text{mV}}{6}\,(\lg 5 - 14\,\text{p}H)\;;$$

$$c\,(Cr^{3+}) = 0{,}001\,\text{mol/l}\;;\quad E = E^0 + \frac{59\,\text{mV}}{6}\,(2 + \lg 5 - 14\,\text{p}H)\,.$$

Die Nernst-Potentiale unterscheiden sich allerdings um weniger als 20 mV, so dass künftig nur die erste Funktion verwendet wird. Das Standardpotential beträgt + 1,33 V.

Wasser/Sauerstoff

Die Oxidationswirkung des elementaren Sauerstoffs lässt sich durch folgende Reaktionsgleichung beschreiben:

$$6\,H_2O \rightarrow O_2 + 4\,H_3O^+ + 4\,e^-\;;$$

$$E = E^0 + \frac{59\,\text{mV}}{4}\,\lg\,[c\,(O_2)\,c^4(H_3O^+)]\,.$$

Wässrige Lösungen, die im Gasaustausch mit der Luft einen Gleichgewichtszustand erreicht haben, enthalten etwa 9 mg/l gelösten Sauerstoff. Dies entspricht einer Stoffmengenkonzentration von etwa 0,6 mmol/l, woraus folgt:

$$E = E^0 + \frac{59\ \mathrm{mV}}{4}\,(\lg 0{,}0006 - 4\ \mathrm{p}H)\,.$$

Bei dieser pH-abhängigen Funktion wird als Standardpotential + 1,23 V eingesetzt.

Redox-Diagramm für pH-abhängige Redoxpaare

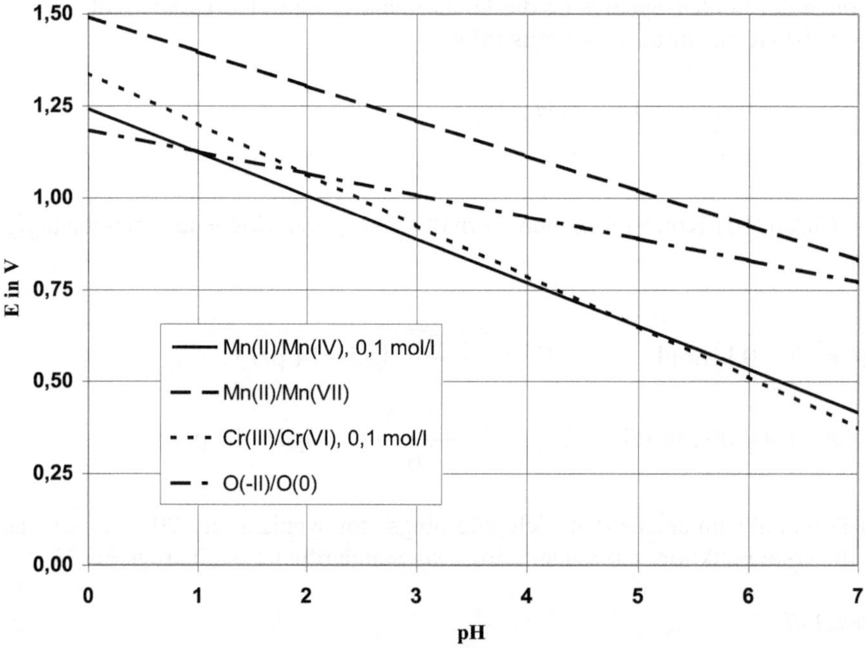

Abb. 3.19: Redox-Diagramm für pH-abhängige Redoxpaare

Man erkennt, dass Permanganat über den ganzen betrachteten pH-Bereich das stärkste Oxidationsmittel unter den behandelten Spezies darstellt. Welche oxidierende Spezies das zweitstärkste Oxidationsmittel ist, hängt dagegen vom pH-Wert ab: Oberhalb von etwa pH 2 ist es der Sauerstoff, darunter jedoch das Dichromat.

Außerdem ist leicht zu sehen, dass die oxidierenden Spezies nur dann wirklich starke Oxidationsmittel sind ($E > + 0{,}9$ V), wenn ein bestimmter stoffspezifischer pH-Wert unterschritten wurde: Permanganat pH 5,5 , Sauerstoff pH 3,5 , Dichromat pH 2,8 bzw. Mangan(IV)-oxid pH 2,3.

Beispiele

Beispiel 3.26: Permanganometrie

Die Permanganometrie ist die Gesamtheit titrimetrischer Verfahren mit einem Permanganat als Titersubstanz. Eingesetzt wird sie zur Bestimmung reduzierend wirkender Analyten, z. B. Eisen(II). Gestört wird eine solche Bestimmung potentiell durch große Stoffmengen Chlorid. Zur Beurteilung der möglichen Reaktionen wird das Redox-Diagramm der betreffenden Redoxpaare herangezogen.

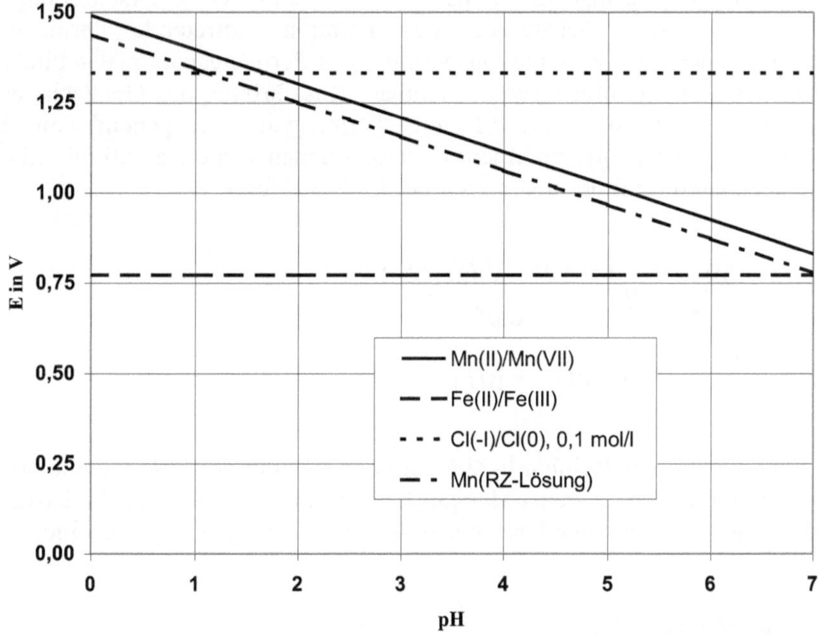

Abb. 3.20: Redox-Diagramm Permanganometrie

Grundvoraussetzung für die permanganometrische Eisen(II)-Bestimmung ist, dass Permanganat das Eisen(II) zu oxidieren vermag, was man im Diagramm schnell bestätigt findet. Nimmt man die abnehmende Funktion für Eisen aus Abb. 3.18, so ändert sich an diesem Sachverhalt auch nichts. Eine weitere Voraussetzung ist jedoch, dass Chlorid hierbei praktisch nicht oxidiert wird, was zu einem Überbefund, also zu einem systematischen Fehler führen würde.

Nun wird diese Titration bei pH 1 durchgeführt, da die Reaktion bei diesem pH-Wert zügig und stöchiometrisch abläuft. Wie man am Diagramm jedoch sieht, ist Permanganat unter dieser Voraussetzung wohl in der Lage, Chlorid zu elementarem Chlor zu oxidieren, wodurch die Richtigkeit der Analysenergebnisse in Frage gestellt wird. Damit diese Störreaktion nicht auftritt, wurde die Reinhardt-Zimmermann-Lösung entwickelt, welche bei der Permanganometrie oft eingesetzt wird.

Für das Redoxpaar Mangan(II)/Permanganat sind hier zwei Geraden aufgetragen, die aus der oben bereits berechneten Gleichung sowie eine weitere, die für die Verwendung der Reinhardt-Zimmermann-Lösung gilt. Im Folgenden wird beschrieben, wie diese Gerade konstruiert wurde.

Die Reinhardt-Zimmermann-Lösung enthält etwa 0,5 mol/l Mangan(II)-sulfat, nach Zugabe zur Probelösung beträgt die Konzentration nur noch etwa 0,05 mol/l.

Die Konzentration des Permanganats bei gerade sichtbarer Überschreitung des Äquivalenzpunktes ist die höchste bei der Titration auftretende Permanganat-konzentration und daher für die Oxidationswirkung des Permanganats maßgeblich. Die durch Permanganat hervorgerufene gerade sichtbare Rosafärbung des Gemischs bedarf eines Tropfens einer Maßlösung mit 0,1 mol/l Permanganat. Ausgehend von einem Tropfenvolumen von etwa 15 µl und einem Gesamtvolumen von etwa 100 ml errechnet man eine Permanganatkonzentration von 15 µmol/l, woraus folgt:

$$E = E^0 + \frac{59\,\text{mV}}{5}\lg\frac{15\cdot 10^{-6}\cdot c^8(H_3O^+)}{0,05}$$

$$= E^0 + \frac{59\,\text{mV}}{5}(\lg 0,0003 - 8\,\text{p}H)$$

Wie die für Verwendung der Reinhardt-Zimmermann-Lösung geltende Gerade anzeigt, wird das Nernst-Potential des Systems Mangan(II)/Permanganat durch das in der Lösung enthaltene Mangan(II) so sehr herabgesetzt, dass Chlorid bei pH 1 gerade nicht mehr oxidiert wird.

Beispiel 3.27: Dichromatometrie

Zur titrimetrischen Bestimmung von Eisen(II) kann statt Permanganat auch Dichromat als Titersubstanz eingesetzt werden. Wie aus dem Redox-Diagramm ersichtlich ist, ist oberhalb von pH 0 nicht zu befürchten, dass Dichromat und Chlorid miteinander reagieren würden. Am Titrationsendpunkt liegt schließlich sehr viel mehr Chrom(III) vor als Dichromat vor, so dass dort das Nernst-Potential noch etwas niedriger ist als die Gerade es anzeigt.

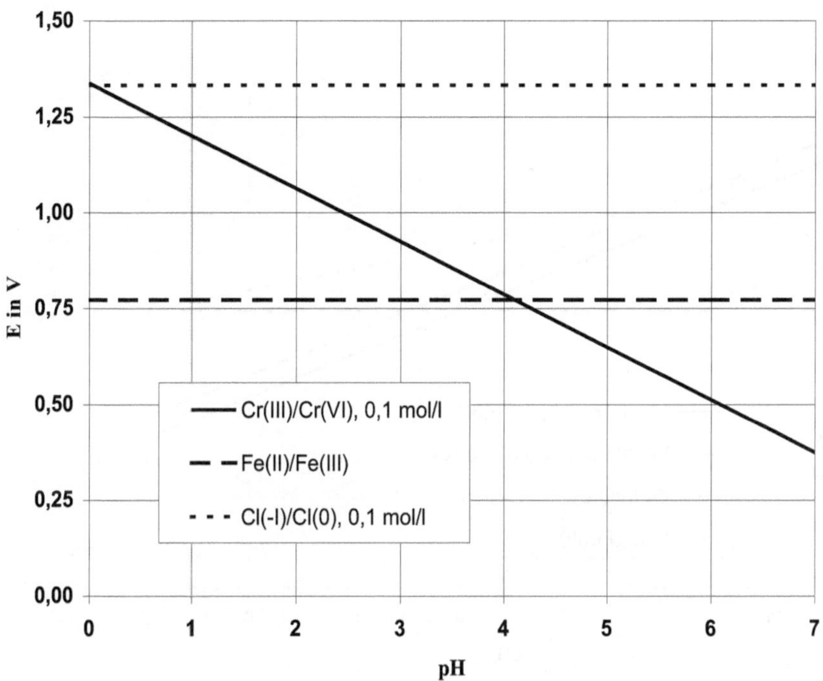

Abb. 3.21: Redox-Diagramm Dichromatometrie

Beispiel 3.28: Eisen und Mangan in Wasser

In praktisch sauerstofffreiem Grundwasser liegen Eisen und Mangan beide in der Oxidationsstufe +II vor. Wird das Wasser jedoch gefördert und kommt es mit Luftsauerstoff in Kontakt, so wird Eisen(II) zu Eisen(III) oxidiert, Mangan(II) zu Mangan(IV)-oxid.

Aus dem unten aufgeführten Diagramm ist ersichtlich, dass der Sauerstoff im ganzen betrachteten pH-Bereich das Eisen(II) zu oxidieren vermag. Das Mangan(II) kann er jedoch nur dann oxidieren, wenn bestimmte pH-Werte überschritten sind, für 0,1 mol/l Mangan(II) pH 1, für 0,001 mol/l Mangan(II) pH 2.

Diesen Effekt kann man damit erklären, dass bei der Oxidation von Mangan(II) zu Mangan(IV)-oxid für jedes übergehende Elektron zwei Hydroniumionen frei werden, bei der Reduktion von Sauerstoff zu Wasser je Elektron jedoch nur ein Hydroniumion verbraucht wird. Die gesamte Redoxreaktion liefert also als Nebenprodukt Hydroniumionen, wird also um so vollständiger ablaufen, je mehr Hydroniumionen dem Gleichgewicht entzogen werden, also je höher der pH-Wert ist.

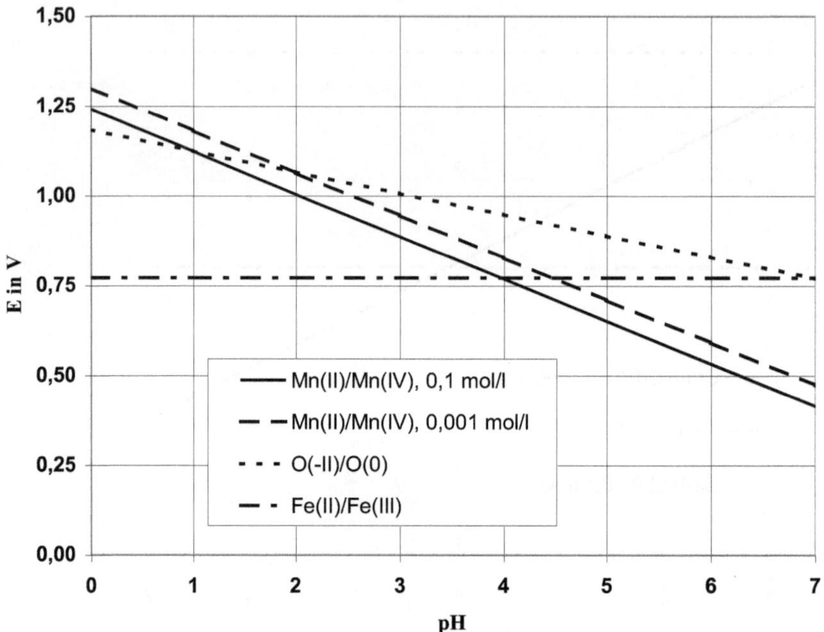

Abb. 3.22: Redox-Diagramm Eisen und Mangan in Wasser

3.6   Verteilungsvorgänge

Nernstsches Verteilungsgesetz. Wird ein gelöster Stoff auf zwei aneinander grenzende, nicht mischbare *flüssige Lösungsmittel* verteilt, so stellt sich ein Verteilungsgleichgewicht ein. Der Quotient aus den Aktivitäten des gelösten Stoffes im Gleichgewicht ist eine temperaturabhängige Konstante, der *Verteilungskoeffizient* K_N; für ausreichend verdünnte Lösungen können statt der Aktivitäten die Konzentrationen des gelösten Stoffes eingesetzt werden:

$$K_N = \frac{a_1}{a_2} \; ; \quad bei\ verd\ddot{u}nnten\ L\ddot{o}sungen: \quad K_N = \frac{c_1}{c_2} . \qquad (3.89)$$

Flüssig-Flüssig-Extraktion

Das Nernstsche Verteilungsgesetz ist die Grundlage für diese häufig in der präparativen und auch in der analytischen Chemie angewandte Extraktion. Hierbei wird ein gelöster Stoff aus seinem Lösungsmittel entfernt, indem er ganz überwiegend von einem anderen Lösungsmittel, dem Extraktionsmittel aufgenommen wird.

Auf Grund des Nernstschen Verteilungsgesetzes kann dies erreicht werden,

- wenn der Stoff in dem Extraktionsmittel die größere Löslichkeit aufweist, so dass ein günstiger Verteilungskoeffizient vorliegt oder

- wenn das Volumen des Extraktionsmittels um ein Vielfaches größer ist als das der vorgelegten Lösung und somit eine große Stoffmenge aufnehmen kann oder

- wenn der Extraktionsvorgang ausreichend häufig wiederholt wird.

In der Analytik entscheidet man sich oft für die erste Möglichkeit, wenn man gerade auf ein geringes Probevolumen und eine hohe Analytkonzentration angewiesen ist.

Die Effektivität der Extraktion bei Variation des Volumens sowie der Zahl der Extraktionsschritte lässt sich nach Umformen von (3.89) berechnen:

$$K_N = \frac{\dfrac{n_1}{V_1}}{\dfrac{n_2}{V_2}} = \frac{n_1\,V_2}{n_2\,V_1} = \frac{\dfrac{n_1}{n_2}}{\dfrac{V_1}{V_2}} = \frac{K_n}{K_V}\;; \tag{3.90}$$

$$K_n = K_N\,K_V\,. \tag{3.91}$$

Man erhält so einen auf Stoffmengen bezogenen Verteilungskoeffizienten K_n, der zur weiteren Berechnung herangezogen werden kann. Der in der vorgelegten Lösung nach einem ersten Extraktionsschritt in Phase 1 verbleibende Stoffmengenanteil x kann nun mit Hilfe von K_n berechnet werden:

$$x = \frac{n_1}{n_1 + n_2} = \left(\frac{n_1 + n_2}{n_1}\right)^{-1} = \frac{1}{1 + K_n^{-1}}\,. \tag{3.92}$$

Der extrahierte und somit in Phase 2 übergegangene Stoffmengenanteil y ist dann

$$y = \frac{n_2}{n_1 + n_2} = \left(\frac{n_1 + n_2}{n_2}\right)^{-1} = \frac{1}{K_n + 1}. \tag{3.93}$$

Nach z Extraktionsschritten lauten x und y folgendermaßen:

$$x = \left(\frac{1}{1 + K_n^{-1}}\right)^z; \tag{3.94}$$

$$y = 1 - x = 1 - \left(\frac{1}{1 + K_n^{-1}}\right)^z. \tag{3.95}$$

Diese Beziehungen sollen am Beispiel angewandt werden, wobei der Nernstsche Verteilungskoeffizient ½ beträgt, das Extraktionsvolumen gleich dem der vorgelegten Lösung ist und zwei Extraktionsschritte vorgenommen werden sollen:

$$K_N = \frac{1}{2}; \quad K_V = 1; \quad z = 2.$$

K_n wird nach (3.91), x nach (3.94) und y nach (3.95) berechnet:

$$K_n = \frac{1}{2}; \quad x = \frac{1}{9}; \quad y = \frac{8}{9}.$$

Es werden also etwa 89% der Stoffmenge extrahiert.

In einem weiteren Beispiel wird mit doppeltem Extraktionsvolumen nur einmal extrahiert:

$$K_N = \frac{1}{2}; \quad K_V = \frac{V_1}{V_2} = \frac{V_1}{2\,V_1} = \frac{1}{2}; \quad z = 1.$$

Die Berechnung liefert für K_n nach (3.91), x nach (3.92) und y nach (3.93) folgende Ergebnisse:

$$K_n = \frac{1}{4}\,; \quad x = \frac{1}{5}\,; \quad y = \frac{4}{5}\,.$$

Also nur 80% der Stoffmenge werden extrahiert, obwohl das gesamte für die Extraktion eingesetzte Volumen genau so groß war. Dies ist ein Beispiel für einen in der Praxis wohlbekannten Sachverhalt:

Mehrmaliges Extrahieren mit geringen Volumina ist wirksamer als einmaliges Extrahieren mit dem Gesamtvolumen.

Die Anwendungsgebiete der Extraktion sind sehr vielfältig. In der Analytik wird sie vor allem dann angewandt,

- wenn das vorliegende Lösungsmittel Probleme bei der Analyse verursachen würde, z. B. Wasser bei der Gaschromatographie oder

- wenn eine Trennung des Analyten von Begleitstoffen gewünscht ist, wobei diese einen anderen Verteilungskoeffizienten als der Analyt aufweisen müssen, oder

- wenn man durch Wahl eines sehr geringen Extraktionsmittelvolumens eine Anreicherung des Analyten bewirken möchte.

Extraktionen erfolgen im Schütteltrichter oder in Apparaten, die die beiden Lösungsmittel automatisch durchmischen.

An dieser Stelle wird auf die Fest-Flüssig-Extraktion hingewiesen, bei der der Analyt ursprünglich nicht in Lösung, sondern im Gemenge mit einer festen Matrix vorliegt. Darauf wird unter *Adsorption* noch näher eingegangen werden.

Das Nernstsche Verteilungsgesetz kann auch zur Beschreibung des Retentionsverhaltens von Stoffen in der Chromatographie herangezogen werden.

Adsorption. Liegt eine Grenzfläche zwischen einer festen Phase einerseits und einer flüssigen oder gasförmigen Phase andererseits vor, so können Stoffe aus der flüssigen bzw. gasförmigen Phase heraus an der Grenzfläche angereichert werden. Dieser Vorgang wird als *Adsorption* bezeichnet, der umgekehrte Vorgang als *Desorption*. Die adsorbierende feste Phase wird *Adsorbens* genannt.

Ursächlich für adsorptive Vorgänge sind elektrostatische Kräfte zwischen den adsorbierten Teilchen und der festen Phase. Sind diese Kräfte chemische Bindungen, so hat der entsprechende Adsorptionsvorgang den Charakter einer chemischen Reaktion und man bezeichnet ihn als *Chemisorption;* handelt es sich um Van-der-Waals-Kräfte, so ist die betreffende Art Adsorption ein Kondensationsvorgang, den man allgemein *Physisorption* nennt.

Adsorptionsenthalpien sind zum Teil zu gering, als dass man sie kalorimetrisch bestimmen könnte, lassen sich dann jedoch aus der Temperaturabhängigkeit des Adsorptionsgleichgewichtes nach der Van´t-Hoff-Gleichung in der Form von (3.13) bestimmen. Erhält man eine Adsorptionsenthalpie < 50 kJ/mol, so liegt höchstwahrscheinlich eine Physisorption vor, bei einem Wert > 100 kJ/mol handelt es sich dagegen sicher um eine Chemisorption.

Adsorptionisothermen

Für Adsorptionsvorgänge bei konstanter Temperatur gelten folgende Gesetzmäßigkeiten:

* Die Stoffmenge adsorbierter Gasteilchen nimmt mit steigender Adsorbensoberfläche und steigendem Gasdruck zu.

* Bei konstantem Druck ist die adsorbierte Stoffmenge der Adsorbensoberfläche direkt proportional.

* Bei konstanter Adsorbensoberfläche nimmt die adsorbierte Stoffmenge entsprechend den *Adsorptionsisothermen* zu.

Für Adsorptionsvorgänge aus Gasen wird überwiegend die *Langmuir-Isotherme* verwendet, für Adsorption aus Flüssigkeiten auch die *Freundlich-Isotherme.*

Der Ansatz von Langmuir geht davon aus, dass zunächst durch Chemisorption eine monomolekulare Schicht aufgebaut wird; hierbei tritt ein Sättigunseffekt auf, der schließlich überwunden wird, weil in der Folge Physisorption stattfindet. Auf Grund kinetischer Betrachtungen resultiert *für die Chemisorption folgende Beziehung* für *y,* womit in der Gleichung die Stoffmenge der Gasteilchen gemeint ist, aber worunter auch die Masse oder das Volumen des Gases verstanden werden kann:

$$y = y_{max} \frac{K_A\, p}{1 + K_A\, p} \qquad\qquad\qquad (3.96)$$

$$mit \quad K_A = \frac{k_A}{k_D}. \qquad\qquad\qquad (3.97)$$

Hierbei sind k_A und k_D die Geschwindigkeitskonstanten für Adsorption und Desorption, p ist der Gasdruck und y_{max} der für y höchstmögliche Wert. y_{max} und K_A können durch Umformung von (3.96) in eine Geradengleichung leicht ermittelt werden:

$$\frac{p}{y} = \frac{1}{y_{max} \, K_A} + \frac{1}{y_{max}} \cdot p \,. \tag{3.98}$$

Bei Auftragung von p/y über p im Diagramm kann y_{max} aus der Geradensteigung errechnet werden, dann folgt K_A aus dem Achsenabschnitt und y_{max}.

Die Freundlich-Isotherme ist eine mathematische Näherung mit Hilfe einer Wurzelfunktion:

$$y = a \cdot \sqrt[b]{c} \,. \tag{3.99}$$

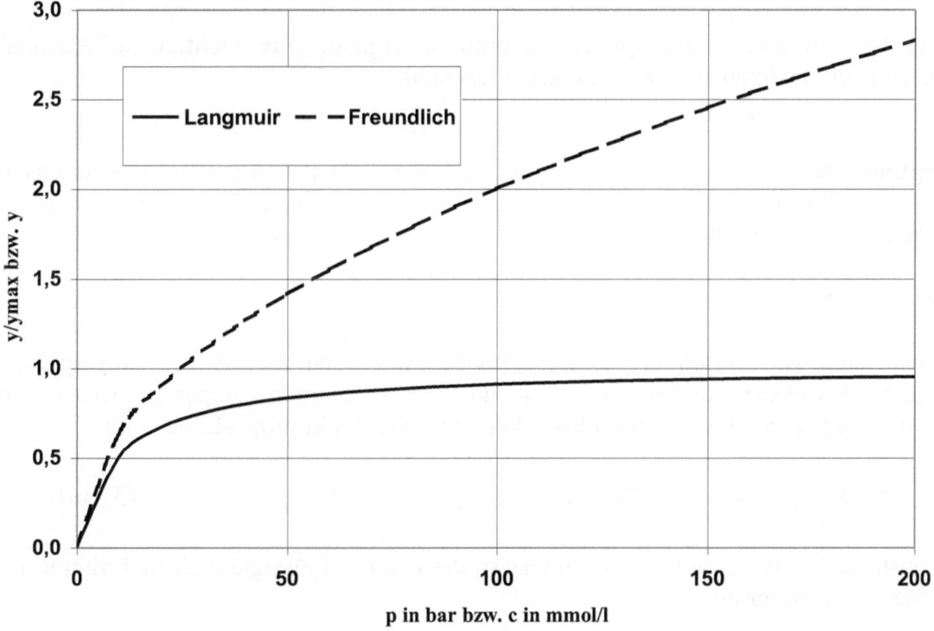

Abb. 3.23: Gestalt der Adsorptionsisothermen nach Langmuir und Freundlich

Adsorptionsverfahren und Fest-Flüssig-Extraktion

Eine vor allem in der anorganischen Spurenanalytik bedeutende *Anreicherungstechnik* ist die *Mitfällung* gelöster Stoffe an Niederschlägen, die u. a. auf Adsorptionserscheinungen beruht. Hier kommen vor allem feinkristalline Niederschläge zum Einsatz, da sie eine große Oberfläche aufweisen. Die adsorbierten Analytspuren können anschließend mit Hilfe einer Flüssigkeit wieder desorbiert werden, wobei üblicherweise sehr geringe Volumina eingesetzt werden, damit verhältnismäßig hohe Konzentrationen resultieren.

Die Anwendung der Desorption wird bisweilen als *Fest-Flüssig-Extraktion* bezeichnet, die verwendete Flüssigkeit ist dann das *Extraktionsmittel,* nach dem Vorgang wird sie als *Extrakt* bezeichnet. Wird der desorptive Arbeitsschritt so gestaltet, das das Extraktionsmittel ein pulverförmiges oder körniges Adsorbens durchströmt, so ist der Vorgang eine *Elution,* das Extraktionsmittel ein *Eluens* und der Extrakt ein *Eluat.*

Wird eine vergleichbare Technik in der organischen Analytik angewandt, so spricht man häufig von *Festphasenextraktion,* worunter der zu Beginn erfolgende Adsorptionsschritt verstanden wird, mit nachfolgender Elution des Analyten.

Auch in der Chromatographie spielen Adsorptionsvorgänge eine wichtige Rolle, zumal die meisten verwendeten stationären Phasen fest sind.

Absorption. Der Vorgang der Absorption darf nicht mit der Adsorption verwechselt werden; denn hier handelt es sich nicht um das Anhaften von Teilchen an einer festen Oberfläche, sondern um die Aufnahme von Gasen in ein Flüssigkeitsvolumen.

Henrysches Gesetz

Die Löslichkeit von Gasen in Flüssigkeiten bestimmt den Ablauf von Absorptionsvorgängen. Das Henrysche Gesetz besagt, dass bei konstanter Temperatur Druck und Aktivität des gelösten Gases in der Flüssigkeit einander direkt proportional sind:

$$a = K_H\, p\,; \quad bei\ verdünnten\ Lösungen: \quad c = K_H\, p\,. \qquad (3.100)$$

Die Konstante K_H hängt vom gelösten Gas sowie von der Flüssigkeit ab und nimmt mit steigender Temperatur ab.

Absorptionsverfahren

Die Absorption wird eingesetzt, um in der Gasanalytik den Analyten anzureichern oder ihn von anderen Gasen zu trennen, die in der Absorptionsflüssigkeit schlechter löslich sind. Sind in einer gasförmigen Probe mehrere Analyten vorhanden, dann wird in der klassischen Analytik so vorgegangen, dass zunächst ein Analyt aus der gasförmigen

Probe mit Hilfe einer für ihn spezifischen Absorptionsflüssigkeit quantitativ entfernt und anschließend darin bestimmt wird; die anderen Analyten werden dann in analoger Weise nacheinander ebenfalls abgetrennt und bestimmt. In der modernen Analytik wird eine solche Probe z. B. gaschromatographisch untersucht, wobei die stationäre Phase meist fest ist, so dass Adsorptionsvorgänge stattfinden; verwendet man jedoch eine flüssige stationäre Phase, so findet auch hier Absorption statt.

Headspace-Verfahren

Sollen gasförmige Analyten in einer flüssigen oder – seltener – aus einer festen Probe bestimmt werden, so bedient man sich in der Analytik der Headspace-Technik. Das Gas wird innerhalb eines geschlossenen Volumens aus der Probe freigesetzt, entweder einfach durch Erhitzen oder durch Verwendung einer geeigneten Aufschlusslösung. Das gleiche Verfahren bietet sich auch bei flüssigen Analyten an, wenn diese leicht flüchtig sind und somit durch Erhitzen aus dem Probematerial leicht ausgetrieben werden können. Nach dem Austreiben des Analyten in den darüber befindlichen Gasraum (Headspace) wird über ein Septum eine Probe des Gasgemisches entnommen und z. B. mit der Gaschromatographie analysiert.

Die Headspace-Technik bringt ein Problem mit sich, das nicht vernachlässigt werden darf: Die Austreibung des Analyten erfolgt nicht unbedingt quantitativ, so dass die Überprüfung der Richtigkeit mit Hilfe von Modellanalysen häufig eine Wiederfindungsrate liefert, die von 100% signifikant abweicht. Eine entsprechende Korrektur der Analysenergebnisse wird somit unerlässlich.

Chromatographie. An dieser Stelle sollen keineswegs die chromatographischen Trennverfahren als Gesamtthema behandelt werden, sondern es geht hier um die bei der Chromatographie geltenden physikalisch-chemischen Gesetzmäßigkeiten, sofern sie für die Anwendung der Methode von Belang sind.

Die Chromatographie beruht auf der Verteilung eines aufzutrennenden Stoffgemisches auf die mobile Phase, die das chromatographische System durchfließt, sowie die stationäre Phase, die bewegungslos in dem System verharrt. Ein Stoff durchläuft das System in der *Bruttoretentionszeit* t_B , wobei er sich über einen Zeitraum t_N , die sogenannte *Nettoretentionszeit,* in der stationären Phase aufhält. Die übrige Zeit ist die *Totzeit* t_0 , in der der Stoff in der mobile Phase mitströmt.

Durch Messungen direkt erfassbar sind lediglich die Bruttoretentionszeit sowie – näherungsweise – die Totzeit, indem man einen Stoff in das System einbringt, der praktisch keine Wechselwirkungen mit der stationären Phase zeigt und somit sich dort auch nicht aufhalten kann.

Die vom Detektor erfasste Messgröße zeigt im Idealfall eine Abhängigkeit von der Zeit, die einer Gauss-Normalverteilung der Retentionszeiten entspricht; hieraus resultiert eine *Signalbreite b,* gemessen an der Basis des Signals.

Beurteilung der Trennleistung

Die Trennleistung eines chromatographischen Systems für zwei sich im System ähnlich verhaltende Stoffe A und B lässt sich über die *Auflösung R* beurteilen, die folgendermaßen über direkt zugängliche Größen definiert ist:

$$R = \frac{\left| t_B(A) - t_B(B) \right|}{\dfrac{b(A) + b(B)}{2}} .$$

(3.101)

Es zeigte sich, dass die Auflösung durch drei Eigenschaften des Systems bestimmt wird,

- die effektive Trennstufenzahl des Systems,
- die Kapazität der stationären Phase und
- die Selektivität bezüglich der konkreten Stoffe A und B.

Jede der drei Eigenschaften wirkt sich als Faktor aus:

$$R = F_T \, F_K \, F_S .$$

(3.102)

Die Trennstufenzahl N_T gibt an, wie häufig sich beim Durchlaufen des Systems ein thermodynamisches Gleichgewicht einstellt. Diese Zahl ergibt sich folgendermaßen:

$$N_T = 16 \left(\frac{t_B}{b} \right)^2 .$$

(3.103)

Der entsprechende Faktor lautet:

$$F_T = \sqrt{\frac{N_T}{16}} = \frac{t_B}{b} .$$

(3.104)

t_B und b sollten jeweils für beide Stoffe ähnlich sein, so dass für diese Berechnungen die Werte von einem der beiden Stoffe herangezogen werden können.

Das System zeigt nur eine begrenzte Aufnahmebereitschaft für die Analyten, was im Kapazitätsfaktor K_K zum Ausdruck kommt. Näheres folgt aus dem Nernstschen Verteilungsgesetz (3.89), das hier auf die Chromatographie angewandt wird:

$$K_N = \frac{c_s}{c_m} = \frac{n_s}{n_m} \cdot \frac{V_m}{V_s} \; ; \tag{3.105}$$

$$K_K = K_N \frac{V_s}{V_m} = \frac{n_s}{n_m} = \frac{t_N}{t_0} \; ; \tag{3.106}$$

$$F_K = \frac{K_K}{K_K + 1} = \frac{n_s}{n_s + n_m} = \frac{t_N}{t_N + t_0} = \frac{t_B - t_0}{t_B} \; . \tag{3.107}$$

Für zwei Analyten A und B zeigt jedes chromatographische System eine bestimmte Selektivität *S*:

$$S = \frac{t_N(A)}{t_N(B)} \quad \textit{für} \quad t_N(A) > t_N(B) \; ; \tag{3.108}$$

$$F_S = 1 - \frac{1}{S} = \frac{t_N(A) - t_N(B)}{t_N(A)} = \frac{t_B(A) - t_B(B)}{t_B(A) - t_0} \; . \tag{3.109}$$

Die hier aufgeführten Gleichungen haben den Vorteil, dass zur Berechnung der Auflösung nur die direkt messbaren Größen Bruttoretentionszeit, Signalbreite und Totzeit eingesetzt werden müssen.

Damit eine Trennung möglich ist, muss die Auflösung Werte > 1 annehmen. Alle drei Einflussgrößen werden durch die Wahl von mobiler und stationärer Phase beeinflusst, insbesondere durch deren Polaritäten und deren Aufnahmevermögen für die Analyten.

Die Optimierung der Trennstufenzahl N_T erfolgt zusätzlich über die Wahl einer geeigneten Strömungsgeschwindigkeit *v*. Es gilt die Van-Deemter-Gleichung mit den trennsystemspezifischen Parametern *A*, *B* und *C* [11]:

$$N_T = (A + B \cdot \frac{1}{v} + C \cdot v)^{-1} \; . \tag{3.110}$$

Diese Funktion zeigt bei einer optimalen Strömungsgeschwindigkeit ein Maximum der Trennstufenzahl.

4 Beispiele zur Elektroanalytik

4.1 Elektroanalytische Bestimmungsmethoden

Prinzip der elektroanalytischen Bestimmung. Die elektroanalytische Bestimmung erfolgt über sehr verschiedene Zusammenhänge zwischen Gehalt und Messgröße. Teils handelt es sich um rein *stöchiometrische Beziehungen* (Elektrogravimetrie), in anderen Fällen gelten *physikalisch-chemische Gesetzmäßigkeiten* (Faraday-Gesetze bei der Coulometrie, Ilkovič-Gleichung bei der Polarographie/Voltamperometrie), schließlich ist in vielen Fällen eine *Kalibrierung* notwendig (Direktpotentiometrie, Direktamperometrie). Im Folgenden sind die einzelnen Bestimmungsmethoden, die zugrundeliegenden Gesetzmäßigkeiten und die verwendete Instrumentierung sowie die jeweiligen Vor- und Nachteile der Methoden erwähnt.

Elektrogravimetrie. Bei der Elektrogravimetrie wird der Analyt oder eine seiner stöchiometrisch gut bekannten Verbindungen elektrolytisch an einer Elektrode abgeschieden. Insofern entspricht diese Methode der klassischen Methode Gravimetrie, wobei die Fällung allerdings nicht durch ein Fällungsmittel erzielt wird, sondern mit Hilfe des elektrischen Stromes.

Bei den meisten angewandten Verfahren wird die Abscheidung durch *kathodische Reduktion* zum Metall erzielt, in anderen Fällen kann durch *anodische Oxidation* z. B. ein schwerlösliches Oxid abgeschieden werden.

Abscheidung durch kathodische Reduktion:

$$Cu^{2+} + 2\,e^- \rightarrow Cu \downarrow$$

Abscheidung durch anodische Oxidation:

$$Pb^{2+} + 6\,H_2O \rightarrow PbO_2 \downarrow + 4\,H_3O^+ + 2\,e^-$$

Es werden überwiegend Elektroden aus Platin eingesetzt, da sich dieses Metall wegen seines sehr positiven Redoxpotentials äußerst reaktionsträge (inert) verhält. Man verwendet z. B. netzförmige Kathoden sowie wendelförmige Anoden (Abb. 4.1).

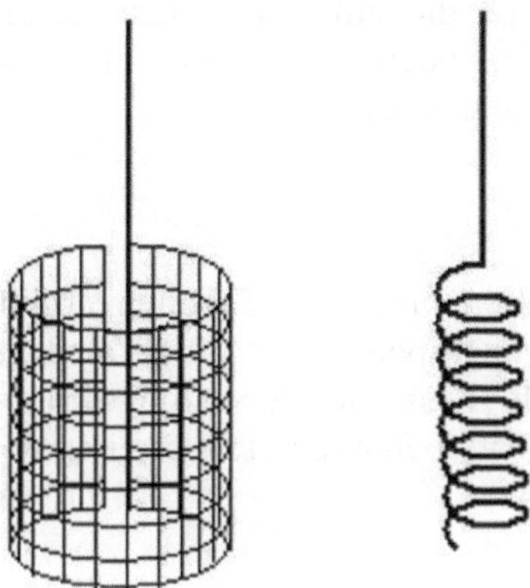

Abb. 4.1: Elektroden für die Elektrogravimetrie

Würden zwei Kupferelektroden in eine Kupfer(II)-sulfatlösung tauchen, so würden an der Kathode Kupfer(II)-Ionen zu Kupfermetall reduziert, an der Anode würde Kupfermetall zu Kupfer(II)-Ionen oxidiert; die beiden Redoxpotentiale sind dem Betrag nach gleich und der Zusammenhang zwischen anliegender Spannung und erzieltem Strom wäre dann annähernd linear (Abb. 4.2). Weil jedoch inerte Elektroden verwendet werden, muss eine andere anodische Oxidation stattfinden, z. B. die des im Wasser gebundenen Sauerstoffs:

$$6\ H_2O \ \rightarrow \ \ O_2 \uparrow + \ 4\ H_3O^+ \ + \ 4\ e^- \qquad\qquad E° = 1{,}23\ V$$

Wird nun eine Arbeitsspannung unter 1,23 V angelegt, so kann der Sauerstoff nicht oxidiert werden und die kathodische Abscheidung des Kupfers findet auch praktisch nicht statt. Allerdings ergibt sich bei einer anliegenden Arbeitsspannung oberhalb etwa 2,0 V, wie beim Beispiel zweier Kupferelektroden eine lineare Abhängigkeit des Stromes von der Spannung.

Damit bei Verwendung inerter Elektroden eine Abscheidung stattfinden kann, ist es also notwendig, dass die Arbeitsspannung einen bestimmten Wert überschreitet, die sogenannte *Zersetzungsspannung* U_Z. Für sie gilt folgender Zusammenhang:

$$U_Z = E_A - E_K + \eta + U_R\,. \qquad\qquad\qquad (4.1)$$

Hierbei bedeuten E_A und E_K die Nernst-Potentiale der ablaufenden Elektrodenreaktionen (Anoden- bzw. Kathodenreaktion), η ist die auf kinetischen Hemmungen beruhende *Überspannung*, U_R schließlich ist der nach dem Ohmschen Gesetz ermittelbare Spannungsabfall auf Grund des Widerstandes der Lösung:

$$U_R = I\,R .$$

(4.2)

Da η und U_R gewöhnlich unter Zuhilfenahme von Tabellen ermittelt werden, ist es vorteilhaft, gleich die gesuchte Zersetzungsspannung U_Z als Tabellenwert aufzusuchen. Die Arbeitsspannung wird so gewählt, dass die Zersetzungsspannung des Analyten überschritten, die störender Begleitstoffe jedoch noch nicht erreicht wird.

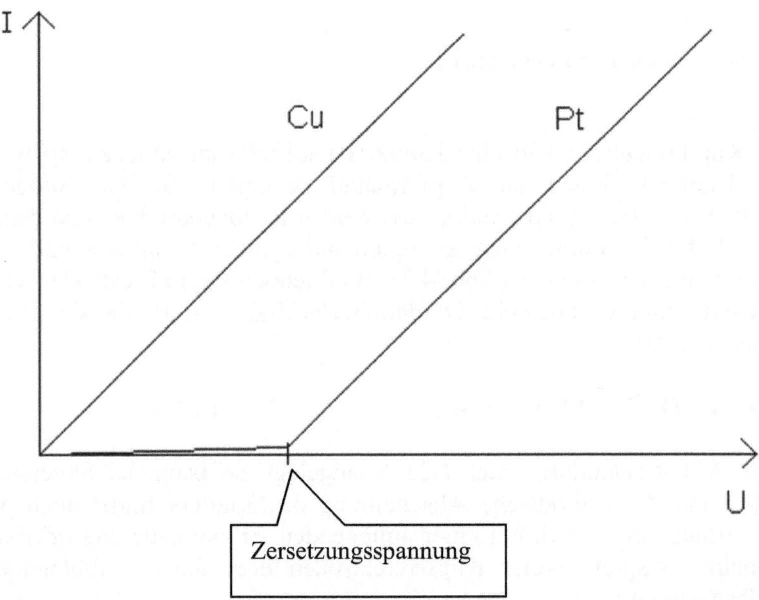

Abb. 4.2: Strom-Spannungskurven bei Kupferabscheidung mit Kupfer- bzw. Platinelektroden

Zur besseren elektrischen Leitfähigkeit wird bei der elektrogravimetrischen Abscheidung überwiegend Schwefelsäure oder Salpetersäure hinzugesetzt. Salzsäure kann hier nicht verwendet werden, da das durch anodische Oxidation gebildete Chlor das Platinmetall angreift.

Die Elektrolyse wird erheblich beschleunigt, indem geheizt und gerührt wird. Dieser Effekt lässt sich bei Betrachtung des ersten Fickschen Gesetzes erklären:

$$\frac{dn}{dt} = AD\frac{dc}{dx} .$$

(4.3)

In dieser Beziehung bedeutet der linke Term den auf die Zeit bezogenen Stoffmengenumsatz, der dem Diffusionskoeffizienten D und dem Konzentrationsgradienten dc/dx, der in unmittelbarer Nähe der Elektrode besteht, direkt proportional ist. D steigt mit zunehmender Temperatur und dc/dx mit steigender Rührgeschwindigkeit.

Die erzielte Stromdichte sollte in einem für die betreffende Elektrolyse experimentell ermittelten optimalen Bereich liegen, da die Abscheidung sonst schwammig sein kann und dann möglicherweise schlecht am Elektrodenmaterial haftet.

Anwendungsbeispiel – Bestimmung von Kupfer und Blei [1]

Die Elektrolyse beginnt in stark salpetersaurer Lösung (ca. 20% Volumenanteil), so dass nur wenig Kupfer kathodisch abgeschieden werden kann. Unter dieser Bedingung ist eine kathodische Abscheidung von metallischem Blei ausgeschlossen. Die Probelösung wird auf 60 bis 70 °C erhitzt und gerührt. Bei einer Spannung von 2,0 bis 2,5 V und einer Stromdichte von 0,4 bis 1,2 A/dm^2 wird die Elektrolyse durchgeführt. Zur Zersetzung elektrolytisch gebildeter salpetriger Säure werden mehrere Spatelspitzen Harnstoff zugegeben. Das Blei wird durch anodische Oxidation quantitativ abgeschieden:

$$Pb^{2+} + 6\ H_2O \rightarrow PbO_2 \downarrow + 4\ H_3O^+ + 2\ e^-$$

Nach vollständiger Oxidation des Bleis zum Blei(IV)-oxid wird mit verdünnter Ammoniaklösung neutralisiert, wobei keinesfalls ein basisches Milieu erreicht werden darf, da sonst das gebildete Blei(IV)-oxid aufgelöst werden könnte. Unter Beibehaltung der elektrischen Einflussgrößen wird nun das restliche Kupfer durch kathodische Reduktion abgeschieden:

$$Cu^{2+} + 2\ e^- \rightarrow Cu \downarrow$$

Die Elektrogravimetrie dient im Bereich der Metallanalytik zur Durchführung von Bestimmungen, bei denen es z. B. wegen großer wirtschaftlicher Konsequenzen auf eine besonders hohe Richtigkeit und Präzision ankommt. Ihr Nachteil ist die lange Analysendauer, der zum Teil etwas hohe Schwierigkeitsgrad und schließlich die schlechte Automatisierbarkeit.

Coulometrie. Für etliche Analyten gibt es keine geeignete Möglichkeit zur elektrolytischen Abscheidung und somit auch kein elektrogravimetrisches Verfahren. Wenn in diesen Fällen jedoch zumindest eine vollständige Umsetzung des Analyten mit Hilfe einer Elektrolyse möglich ist, dann kann die Bestimmung über die während der Elektrolyse geflossene Ladung erfolgen.

Die durch eine Elektrode geflossene Ladung und die an ihr elektrolytisch umgesetzte Masse eines Stoffes hängen über das erste Faradaysche Gesetz zusammen:

$$Q = z\, n\, F = z\, \frac{m}{M}\, F \, . \tag{4.4}$$

z bedeutet hier die Zahl der beim elektrolytischen Vorgang – Oxidation oder Reduktion – beteiligten Elektronen, n ist die Stoffmenge, m die Masse und M die Molmasse Analyt, F ist die Faraday-Konstante - die Ladung von einem Mol Elektronen – $96{,}487 \cdot 10^3$ C/mol.

Für die Berechnung der Masse Analyt gilt dann folgende Beziehung:

$$m = \frac{Q\, M}{z\, F} \, . \tag{4.5}$$

Potentiostatische Coulometrie. Der Analyt wird bei dieser Methode *bei konstanter Spannung* elektrolytisch umgesetzt, wobei die Stromstärke mit der Zeit exponentiell abnimmt (Abb. 4.3).

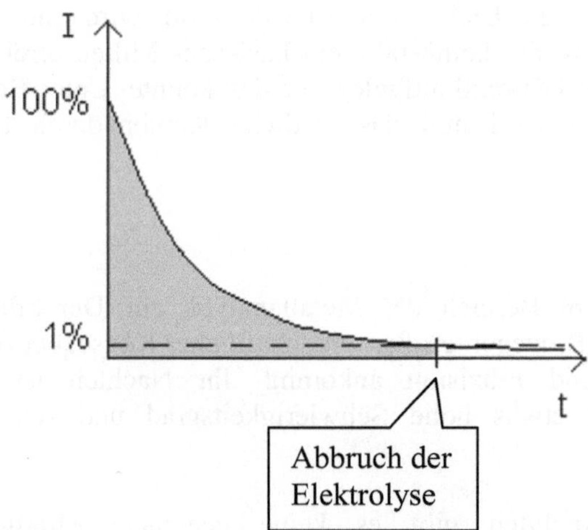

Abb. 4.3: Geflossene Ladung bei der potentiostatischen Coulometrie

Der Versuch wird so lange fortgeführt, bis die Stromstärke einen bestimmten Betrag unterschritten hat, z. B. 1% oder 0,1%. Die dann noch nicht umgesetzte Stoffmenge Analyt ist vernachlässigbar gering.

Die bis Abbruch der Elektrolyse geflossene Ladung ist unter der Bedingung der Masse des Analyten nach (4.4) direkt proportional, wenn der Strom ausschließlich durch Umsetzung des Analyten bedingt war. Die geflossene Ladung ergibt sich als Zeitintegral der Stromstärke während der Elektrolysedauer:

$$Q = \int I\,dt\,. \tag{4.6}$$

Galvanostatische Coulometrie oder Coulometrische Titration. Im Gegensatz zur potentiostatischen Coulometrie, die am Ende der Elektrolyse nur noch eine geringe Stromstärke und somit auch nur einen geringen Stoffumsatz aufweist, ist die *galvanostatische Coulometrie* durch eine *konstante Stromstärke* gekennzeichnet. Diese wird oft dadurch erreicht, dass der Analyt nicht direkt einer Elektrolyse unterworfen wird, sondern dass aus einem in hohem Überschuss vorliegenden Stoff ein Reagenz auf elektrolytischem Wege erzeugt wird, das mit dem Analyten stöchiometrisch reagiert. Die Verwandtschaft dieser Verfahrensweise mit der Maßanalyse ist offensichtlich, daher die Bezeichnung *coulometrische Titration!* Die Elektrolyse kann am Äquivalenzpunkt abgebrochen werden, bei dem der Analyt gerade stöchiometrisch umgesetzt worden ist (Abb. 4.4).

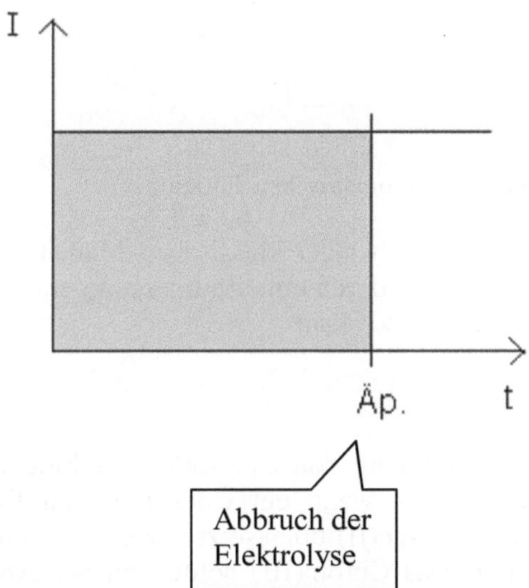

Abb. 4.4: Geflossene Ladung bei der galvanostatischen Coulometrie (Äp. – Äquivalenzpunkt)

Die bis Abbruch der Elektrolyse geflossene Ladung ergibt sich folglich als *Produkt von Stromstärke und Elektrolysedauer.*

Die *Anzeige des Äquivalenzpunktes* kann zwar auf klassischem Wege mit Hilfe eines Indikators erfolgen, in der Praxis hat sich jedoch eine stromlose *potentiometrische Messung* mit Hilfe zweier zusätzlicher Elektroden bewährt (Abb. 4.5). Bezüglich der *Potentiometrie* wird hier auf den Anfang des Kapitels 4.2 verwiesen.

Bei coulometrischen Messungen muss außerdem verhindert werden, dass der Analyt im Anschluss an seine elektrolytische Umsetzung an die andere stromführende Elektrode gelangt und dort eine Rückreaktion erfährt. Mit Hilfe eines Diaphragmas wird daher der Stofftransport auf ein vernachlässigbar geringes Ausmaß beschränkt, ohne den Stromfluss zu unterbinden.

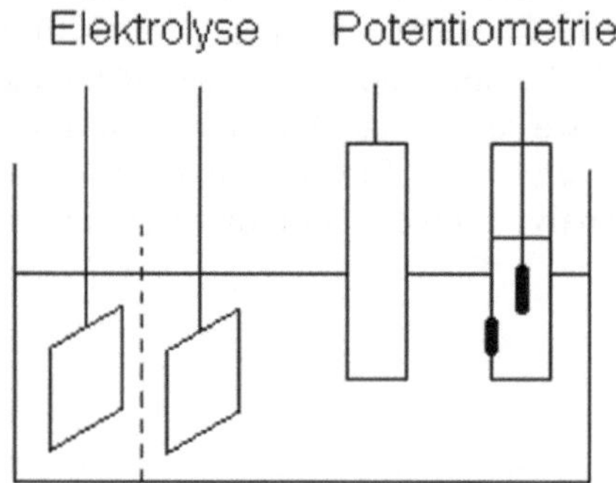

Abb. 4.5: Vierelektrodenanordnung bei der coulometrischen Titration

Die coulometrische Titration weist gegenüber der klassischen Maßanalyse den Vorteil auf, dass die Volumenmessung letzendlich durch eine Zeitmessung ersetzt wird, die mit äußerst hoher Präzision vorgenommen werden kann.

Anwendungen

Ferrometrie. Die ferrometrische Bestimmung von Chrom(VI)-Verbindungen lässt sich als coulometrische Titration durchführen, wenn ein Überschuss an Eisen(III) durch kathodische Reduktion fortlaufend zu Eisen(II) umgesetzt wird, das dann den Analyten Chrom(VI) zu Chrom(III) reduziert. Das Chrom(III) sollte von der Anode durch ein Diaphragma ferngehalten werden, damit es dort nicht wieder zu Chrom(VI) oxidiert wird. Der Äquivalenzpunkt kann einerseits mit den Indikatoren o-Phenanthrolin oder Ferroin durch Rotfärbung angezeigt werden oder aber potentiometrisch mit Hilfe einer Platinelektrode und einer Bezugselektrode.

AOX-Bestimmung. Eine weitere Anwendung sei hier erwähnt, die in der Umweltanalytik, vor allem in der Wasser- und Bodenanalytik von Bedeutung ist: die AOX-Bestimmung. Mit AOX werden die an Aktivkohle *a*dsorbierbaren *o*rganisch gebundenen Halogene (*X*)

bezeichnet. Sie werden stets als Stoffmenge bestimmt, ihre Angabe als Massenanteil oder Massenkonzentration erfolgt dann unter Verwendung der Molmasse des Chloratoms. Es handelt sich tatsächlich auch in erster Linie um Chlorkohlenwasserstoffe (CKW) und ihre Derivate.

Das Bestimmungsverfahren gliedert sich in drei nacheinander ablaufende Arbeitsschritte:

- Adsorption der AOX-Verbindungen an Aktivkohlefiltern
- Verbrennung der Aktivkohle mit Sauerstoff, dabei Verbrennung der AOX-Verbindungen unter Bildung von Halogenwasserstoffen HX und deren Weitertransport mit dem Gasstrom
- Bestimmung der Stoffmenge HX mit Hilfe der coulometrischen Titration

Die coulometrische Titration kann nun folgendermaßen ablaufen:

- Der HX-haltige Gasstrom wird in eine Silbernitratlösung eingeleitet, wobei Silberhalogenide ausgefällt werden und somit die Konzentration der gelösten Silberionen abnimmt.
- Die potentiometrische Messanordnung aus Silber- und Bezugselektrode registriert die Abnahme der Silberkonzentration und setzt über einen Regelmechanismus den Elektrolysestromkreis in Gang.
- Die Anode des Elektrolysestromkreises besteht aus Silber, das so lange durch anodische Oxidation aufgelöst wird, bis wieder die ursprüngliche Silberkonzentration vorliegt. Dies wird von der potentiometrischen Messanordnung registriert.
- Die geflossene Ladung ist nach dem ersten Faradayschen Gesetz direkt proportional zur Stoffmenge des aufgelösten Silbers, diese Stoffmenge gleicht der des zuvor gefällten Silbers sowie des eingeleiteten HX und des in der Probe vorhandenen AOX.

Voltamperometrie (Voltammetrie)[1]. Unter dieser Methode versteht man die Gesamtheit der Untersuchungsverfahren, bei denen der zwischen zwei Elektroden fließende elektrische Strom in Abhängigkeit von der zwischen ihnen anliegenden Spannung gemessen wird.

Während Elektrogravimetrie und Coulometrie auf einem vollständigen Umsatz des Analyten beruhen, liefert die Voltamperometrie dagegen auch ohne einen solchen vollständigen Umsatz nicht nur *quantitative Aussagen* über den Gehalt eines bekannten Analyten, sondern ermöglicht darüber hinaus auch eine *qualitative Analyse.*

---

[1] Die meist als Voltammetrie bezeichnete Methode wird hier wegen der Verwechslungsgefahr mit der Voltametrie stets als Voltamperometrie bezeichnet.

Polarographie. Die älteste voltamperometrische Methodik ist die von Heyrovsky um 1921 entwickelte *Polarographie* (hierfür Chemie-Nobelpreis 1959) [2]. Sie geht zurück auf Arbeiten von Lippmann 1873 und Kucera 1903. Bei dieser Methode wird der zwischen einer tropfenden *Quecksilberelektrode* und einer weiteren Elektrode fließende Strom gemessen. Hierbei wird der Analyt am Quecksilber durch kathodische Reduktion umgesetzt. Die Quecksilberelektrode dient also als *Arbeitselektrode*[1].

Zusätzlich zur Quecksilberelektrode finden Verwendung:

* eine *Bezugselektrode* zur Messung der Spannung und zum Transport eines elektrischen Stromes *(Zweielektrodenanordnung)*
oder
* eine *Bezugselektrode* zur Messung der Spannung und eine *Gegenelektrode* zum Transport eines elektrischen Stromes *(Dreielektrodenanordnung)*

Bei der Dreielektrodenanordnung kann auf Grund der Stromlosigkeit der Bezugselektrode eine größere Richtigkeit bei der Spannungsmessung erzielt werden.

Bezüglich der verwendeten Elektroden können also zwei Varianten der Polarographie unterschieden werden (Abb. 4.6).

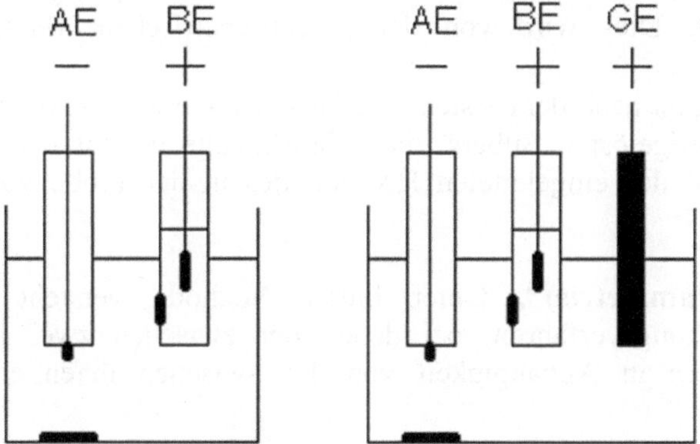

Abb. 4.6: Zwei- bzw. Dreielektrodenanordnung bei der Polarographie

---

[1] Eine Elektrode, deren elektrochemisches Verhalten von der angrenzenden Phase maßgeblich abhängt – erkennbar durch elektrolytische Vorgänge oder Ausbildung stromloser Potentiale – wird hier als Arbeitselektrode bezeichnet.

Der Transport von Analytteilchen kann auf Grund folgender Vorgänge geschehen: *Migration* (Wanderung von Ionen im elektrischen Feld) oder *Diffusion* (Verteilung von Stoffen durch die thermisch bedingte Brownsche Molekularbewegung).

Die Migration ist bei Elektrogravimetrie und Coulometrie maßgeblich und ihr Ausmaß hängt von Spannung, Temperatur und Rührgeschwindigkeit ab. Die entsprechenden Stromspannungskurven steigen stark an und zeigen eine Gestalt wie in Abb. 4.2.

Bei der Polarographie wird dagegen die Migration zurückgedrängt, indem man der Probelösung einen großen *Überschuss eines sogenannten Leitsalzes* zufügt. Die Ionen dieses Leitsalzes erfahren selbst zwar Migration, nehmen jedoch auf Grund ihres Überschusses die bei der Migration verbrauchte elektrische Energie fast völlig auf und schirmen somit die Analytionen ab. Es findet folglich fast ausschließlich Diffusion statt, wobei an die Quecksilberkathode nicht nur Kationen, sondern in ähnlichem Ausmaße *auch neutrale Moleküle oder gar Anionen* gelangen. Diese Art Stofftransport hängt nicht von der Spannung, wohl aber von der Temperatur und der Rührgeschwindigkeit ab.

Hält man diese beiden Einflussgrößen konstant, so gelangen in einer definierten Zeitspanne stets gleich viele Teilchen an die Kathode, unabhängig von der Spannung, die gerade anliegt. Unterhalb eines bestimmten Spannungswertes (Zersetzungsspannung) wird praktisch keines dieser Teilchen elektrolytisch umgesetzt, oberhalb werden praktisch alle umgesetzt. Bei Auftragung der Stromstärke über dem Kathodenpotential erhält man daher eine Stufenkurve, das sogenannte *Stufenpolarogramm* (Abb. 4.7).

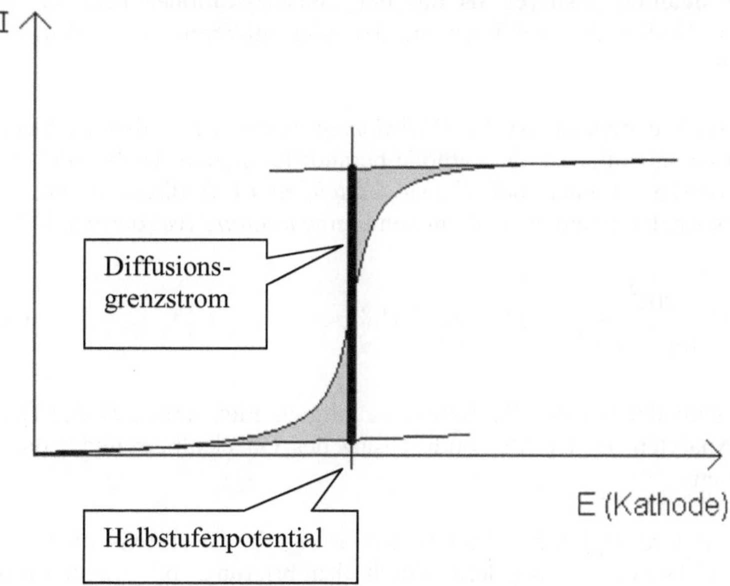

Abb. 4.7: Stufenkurve bei der Polarographie (Stufenpolarogramm)

Der Wendepunkt dieser Stufenkurve ergibt sich aus einem Lot auf die x-Achse, für das die ausgefüllten Flächen gleich groß sind (graphische Methode) oder aber als Maximum der ersten Ableitung (rechnerische Methode).

Das Kathodenpotential, bei dem der Wendepunkt auftritt, wird als *Halbstufenpotential* $E_{1/2}$ bezeichnet. Es hängt vom Standardpotential des elektrolytisch umgesetzten Stoffes sowie von den Aktivitätskoeffizienten und Diffusionskoeffizienten der oxidierten und reduzierten Form dieses Stoffes ab [3]:

$$E_{1/2} = E^0 + \frac{RT}{zF} \ln \frac{f(Ox)\,\sqrt{D(Red)}}{f(Red)\,\sqrt{D(Ox)}}\,. \qquad (4.7)$$

Während das Standardpotential lediglich von der Art des betreffenden Redoxpaars abhängt, werden die anderen Einflussgrößen nicht nur vom Redoxpaar selbst bestimmt, sondern auch maßgeblich vom Leitsalz und seiner Konzentration.

Durch Aufnahme eines Polarogramms einer Probelösung und Ermittlung der Halbstufen-potentiale der darin auftretenden polarographischen Stufen wird eine *qualitative Aussage* über die in der Lösung vorhandenen reduzierbaren Stoffe möglich. Als *Analyten* kommen hier z. B. Metallkationen in Betracht. Deren Nernst-Potentiale müssen negativer als das von Quecksilber sein, da die Ionen sonst selbst ohne anliegende Spannung eine Redoxreaktion mit dem Quecksilber eingehen würden. Andererseits müssen diese Nernst-Potentiale deutlich positiver als das der Leitsalz-Kationen sein, da sonst die polarographischen Stufen der Analyten in der viel größeren Stufe des Leitsalzes untergehen würden.

Die Stufenhöhe am Wendepunkt ist der *Diffusionsgrenzstrom* I_D , also die Stromstärke, die durch die Umsetzung aller an die Kathode herandiffundierten Analytteilchen bedingt ist. Diese Stromstärke ist nach der *Ilkovič-Gleichung* (4.8) direkt proportional zur Konzentration des Analyten und ermöglicht somit eine *quantitative Aussage* [4,5]:

$$I_D = 607 \,\frac{cm^2\,C}{mg^{2/3}\,mol} \cdot z\,D^{1/2}\,m^{2/3}\,t^{1/6}\,c\,. \qquad (4.8)$$

Hierin ist z die Zahl der bei der Reduktion beteiligten Elektronen, D der Diffusions-koeffizient des Analyten, m der Massendurchsatz des Quecksilbers und t die Lebens-dauer eines Tropfens.

Die Auswertung polarographischer Messungen erfolgt in der Praxis allerdings nicht durch die Ilkovič-Gleichung, sondern durch Kalibrierung mit Standardlösungen. Polarographische Messungen werden schließlich stark durch Matrixeffekte beeinflusst, vor allem durch Sauerstoff, der selbst eine elektrolytische Umsetzung erfahren kann, sowie durch Komplexbildner, die die Konzentration der freien Analyten herabsetzen und somit auch deren Standard- und Halbstufenpotentiale verschieben können. Die Störung durch Sauerstoff wird oft durch Evakuieren umgangen.

Voltamperometrie (Voltammetrie) mit inerter Elektrode. Ersetzt man die Quecksilberelektrode durch eine inerte Elektrode, z. B. durch eine Platinelektrode, so ist dies aus Arbeitssicherheitsgründen wünschenswert und außerdem werden auch Redoxpaare analytisch zugänglich, die ein positiveres Nernst-Potential aufweisen als Quecksilber. Der Nachteil einer solchen Elektrode besteht nun aber darin, dass ihre Oberfläche durch Abscheidungsvorgänge verändert werden kann, was die Gestalt der Strom-Spannungskurven (Voltamperogramme) beeinflusst, während sich eine tropfende Quecksilberelektrode ständig erneuert und somit stets eine frische Oberfläche aufweist.

Für diese Art Voltamperometrie sind daher mehrere Varianten entwickelt worden, bei denen die Elektrode während der Analyse nicht erneuert werden muss. Diese Varianten sind auch wegen ihrer z. T. sehr hohen Empfindlichkeit beliebt und können bei Bedarf statt mit einer inerten Elektrode auch mit einer hängenden Quecksilberelektrode durchgeführt werden.

Von den in der Lieratur beschriebenen zahlreichen Varianten werden hier einige erwähnt, die in der Praxis gut einsetzbar sind:

- Wechselstromvoltamperometrie (Wechselstrompolarographie)
- Inverse Voltamperometrie (Inverse Voltammetrie)
- Zyklische Voltamperometrie (Cyclische Voltammetrie)

Wechselstromvoltamperometrie (Wechselstrompolarographie)

Bei dieser Variante wird eine an den Elektroden anliegende variable Gleichspannung mit einer konstanten Wechselspannung überlagert. Gemessen wird nun der Wechselstrom in Abhängigkeit von der aktuellen Gleichspannung. An der Stelle des Voltamperogramms, an der die Steigung am größten ist, also beim Halbstufenpotential, da ist ja das Verhältnis „Strom zu Spannung" am größten, und geringe Schwankungen der Spannung führen zu großen Schwankungen des Stromes. Bei reversiblen Elektrolysevorgängen erhält man gerade dort den größten Wechselstrom, verursacht durch den Teil des Wechselstroms, der durch Reaktionen bedingt ist (*Faraday-Strom*). Die resultierende Kurve entspricht der ersten Ableitung eines Stufenpolarogramms.

Ein weiterer Teil des Wechselstroms wird durch die an der Elektrodenoberfläche auftretende Kapazität bestimmt. Das Phänomen wird als *Helmholtz-Doppelschicht* bezeichnet, der entsprechende Strom als *kapazitiver Strom*. Die Doppelschichtkapazität und somit der kapazitive Strom werden durch manche Bestandteile einer Realprobe beeinflusst, z. B. durch Tenside. Dieser Effekt kann für die Bestimmung von Tensiden ausgenutzt werden (Tensammetrie).

Bei dieser Variante finden Elektrodenreaktionen statt, weswegen auch häufig eine tropfende Quecksilberelektrode eingesetzt wird, die sich stets erneuert. Wird eine inerte Elektrode eingesetzt, dann muss die Elektrode vor jeder Analyse gereinigt werden, z. B. auf elektrolytischem Wege.

Inverse Voltamperometrie (Inverse Voltammetrie)

Hier wird der Analyt zunächst an einer inerten Elektrode oder einer hängenden Quecksilberelektrode über einen längeren, präzise gemessenen Zeitraum elektrolytisch abgeschieden, womit eine genau reproduzierbare Anreicherung erzielt wird. Die Gleichspannung wird dann umgepolt, so dass eine vergleichsweise große Stoffmenge Analyt in kurzer Zeit wiederaufgelöst wird. Diese Variante ermöglicht sehr empfindliche Bestimmungen z. B. von Schwermetallen in Trinkwasser oder in Lebensmitteln.

Zyklische Voltamperometrie (Cyclische Voltammetrie)

Die letzgenannte Variante kann so abgewandelt werden, dass Abscheidung und Auflösung beide in kurzer Zeit erfolgen. Die Analysendauer verringert sich erheblich, die Empfindlichkeit des Verfahrens freilich auch.

Direktpotentiometrie. Die Direktpotentiometrie beruht auf der Anlagerung von Analytionen an eine spezielle *Arbeitselektrode,* wobei sie durch ihr Redoxverhalten (Metallelektroden) oder durch ihre Ladung (ionenselektive Elektroden) das Elektrodenpotential bestimmen. Daher ist die Methode für sämtliche ionische Analyten geeignet, sofern erschwingliche spezielle Arbeitselektroden für diese Analyten erfunden worden sind.

Die Analyse erfolgt durch stromlose Messung des Potentials der Arbeitselektrode gegen das bekannte Potential einer *Bezugselektrode,* wobei auf Grund der Stromlosigkeit der Messung und somit fehlenden stofflichen Umsetzung *nicht gerührt* werden muss.

Die Arbeitselektrode weist im Idealfall ein Potential auf, das dem Nernst-Potential des Analyten gleicht. Dieses hängt nach der *Nernst-Gleichung* von der Analytkonzentration ab:

$$E = E^0 + \frac{RT}{zF} \ln \frac{c\,(Ox)}{c\,(Red)}. \tag{4.9}$$

Nutzt man einen solchen Zusammenhang aus – in der Praxis im Allgemeinen über eine Kalibrierung – so wird die Methode in diesem Buch *Direktpotentiometrie* genannt; handelt es sich dagegen um die Anzeige eines Äquivalenzpunktes bei einer Titration, so spricht man von einer potentiometrisch indizierten Titration oder von der *Indikationsmethode Potentiometrie.*

Die verwendeten Elektroden sind zu einem galvanischen Element kombiniert, wie das in der schematischen Skizze in Abb. 4.8 verdeutlicht wird. Der reale Aufbau einer potentiometrischen Messanordnung ist in dagegen in Abb. 4.9 dargestellt. Die Bezugselektrode ist ein im Idealfall z. B. durch ein Keramikdiaphragma geschlossenes System, das praktisch keinen Stofftransport zulässt, jedoch die Wirkung elektrischer Felder über die Grenze „Bezugselektrode/Probelösung" hinaus ermöglicht. Man kann diese Anordnung auch als geschlossenen Stromkreis interpretieren, jedoch unter dem Vorbehalt, dass die Messung stromlos erfolgt.

Die Stromlosigkeit potentiometrischer Messungen erreicht man durch ein Voltmeter mit hohem Innenwiderstand oder durch eine elektrische Schaltung, bei der eine der zu messenden Spannung entgegenwirkende Spannung durch das Gerät schnell aufgebaut wird, bis Stromlosigkeit herrscht (Kompensationsschaltung); die vom Gerät aufgebaute Spannung wird gemessen.

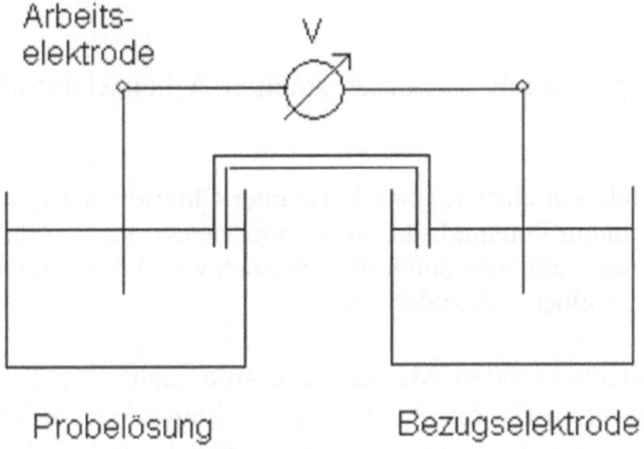

Abb. 4.8: Schema Potentiometrie

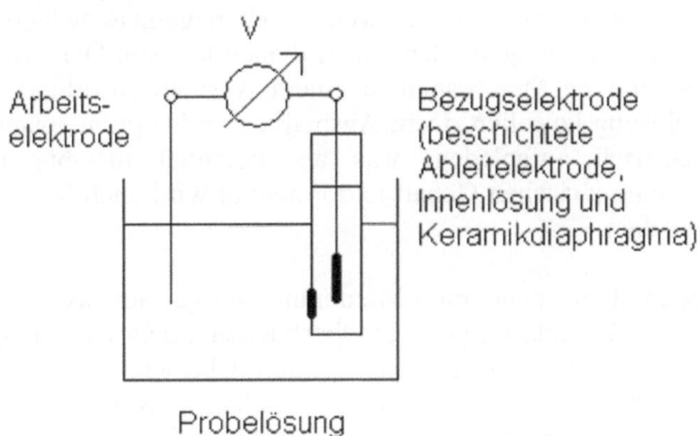

Abb. 4.9: Potentiometrische Messanordnung

Arbeitselektroden

Als Arbeitselektroden für die Direktpotentiometrie können *Metallelektroden* oder *ionenselektive Elektroden* eingesetzt werden.

Als *Metallelektrode* ist z. B. die Silberelektrode zu nennen, ein einfacher Stab aus metallischem Silber. Sein Potential wird entsprechend (4.9) von der Konzentration der in der Lösung befindlichen Silberionen bestimmt:

$$E(Ag \, / \, Ag^+) = E^0(Ag \, / \, Ag^+) + \frac{RT}{F} \ln c(Ag^+). \qquad (4.10)$$

Die Silberkonzentration kann z. B. von der Chloridkonzentration der Lösung abhängen:

$$c(Ag^+) = \frac{K_L(AgCl)}{c(Cl^-)}. \qquad (4.11)$$

Somit können auch Halogenide prinzipiell mit einer solchen Arbeitselektrode erfasst werden.

Durch Kombination der Silberelektrode mit einer Lösung konstanter Chloridkonzentration erhält man eine Bezugselektrode mit konstantem Potential: die Silberchloridelektrode. Da ihr Potential nicht nur vom Redoxverhalten des Silbers abhängt, sondern auch noch vom Löslichkeitsverhalten des Silberchlorids, spricht man hier von einer Elektrode 2. Art.

Metallelektroden zeigen einen entscheidenden Mangel: Sie sind nicht selektiv, so dass man z. B. die Silberelektrode vor allem für die Äquivalenzpunktanzeige bei Titrationen einsetzt (Indikationsmethode Potentiometrie). Dies gilt auch für die beispielsweise bei Titrationen eingesetzten *inerten Metallelektroden.*

Ionenselektive Elektroden zeigen eine gewisse, wenn auch begrenzte Selektivität für bestimmte Ionen, zu deren Bestimmung sie dann auch dienen können. Die Analytionen werden hierbei an ionenselektiven Membranen in einem Ausmaß adsorbiert, das mit ihrem Gehalt in der Probelösung korreliert. Dem Ausmaß der Adsorption entsprechend, wird die Membran elektrisch aufgeladen, was als Potential messbar ist. Der mathematische Zusammenhang zwischen Gehalt und Potential wird auch hier durch die *Nernst-Gleichung* (4.9) gegeben.

Die *Selektivität* kommt dadurch zustande, dass Membranen ausgewählt werden, die auf Grund spezieller kristalliner oder gelartig poröser Oberflächen genau das Analytion zu adsorbieren vermögen. Liegen andere Ionen in sehr großem Überschuss vor, so können auch diese angelagert werden und den Analyten vortäuschen, was freilich zu einem Überbefund führen kann. Diese Erscheinung wird als *Querempfindlichkeit* bezeichnet.

Nach den verschiedenen Arten Membranen unterscheidet man

- *Einkristallelektroden (z. B. Lanthanfluoridelektrode)*
- *Elektroden mit einem Pressling als Membran (z. B. Silbersulfidelektrode)*
- *Glasmembranelektroden*

Die *Lanthanfluoridelektrode* erlaubt die direkte Bestimmung von Lanthan und Fluorid sowie z. B. durch Rücktitration die Bestimmung solcher Elemente, die mit Fluorid in definierter Weise reagieren (Fe^{3+} zu FeF_6^{3-}, Al^{3+} zu AlF_4^-).

Die *Silbersulfidelektrode* ist empfindlich für Silber und Sulfid, kann jedoch durch Dotierungen für andere Analyten sensibilisiert werden:

- Dotierung mit einem speziellen Metallsulfid führt zu einer Elektrode, die für dieses Metall selektiv ist.
- Dotierung mit einem speziellen Silbersalz führt zu einer Elektrode, die für das verwendete Anion selektiv ist.

Glasmembranelektroden setzt man sehr häufig für pH-Messungen (Bestimmung des Hydroniumions) ein oder bestimmte Modelle gelegentlich auch zur Bestimmung von Alkalimetallionen. Die Funktionsweise einer pH-Elektrode ist unten im Abschnitt *Einstabmessketten* näher erläutert.

Bezugselektroden

Die für die Direktpotentiometrie eingesetzten Bezugselektroden sind meist *Silberchloridelektroden, Kalomelelektroden (Quecksilber(I)-chloridelektroden)* oder *Quecksilber(I)-sulfatelektroden* [6]. Entsprechend Abb. 4.9 besteht eine Bezugselektrode aus einer beschichteten Ableitelektrode, die die Verbindung zum Voltmeter herstellt, dem Keramikdiaphragma, das den elektrischen Kontakt zur Probelösung gewährleistet, sowie einer Innenlösung (Tab. 4.1).

Tab. 4.1: Zusammensetzung der Bezugselektroden

Art der Elektrode	Ableitelektrode	Beschichtung	Innenlösung
Silberchloridelektrode	Ag	AgCl	KCl
Kalomelelektrode	Pt	Hg/Hg_2Cl_2	KCl
Quecksilber(I)-sulfatelektrode	Pt	Hg/Hg_2SO_4	K_2SO_4

Einstabmessketten

Sehr vorteilhaft, da einfach zu bedienen, sind Einstabmessketten, in denen Arbeits- und Bezugselektrode vereinigt sind. Von dieser Art sind *Metall-Einstabmessketten* im Handel, z. B. aus einer Silberelektrode und einer Silberchloridelektrode, oder auch *pH-Einstabmessketten* aus einer für Hydroniumionen selektiven Glasmembranelektrode und einer Silberchloridelektrode (Abb. 4.10).

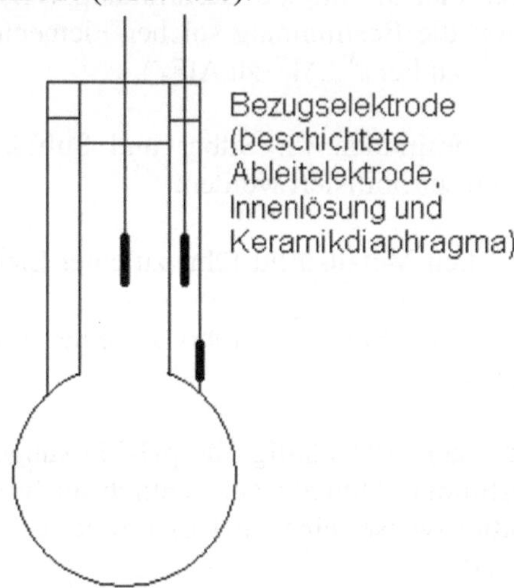

Abb. 4.10: pH-Einstabmesskette

Das charakteristische Bauteil einer Glasmembranelektrode ist – wie der Name schon sagt – die Glasmembran. Sie besteht aus einem Glas, das durch Quellung gelartig porös wird und in das somit Analytionen eindringen können, das aber außerdem wegen seines Silicatgehalts negativ geladene Oberflächenstellen aufweist, an denen Kationen sorbiert werden. Durch diese Adsorptionserscheinung lädt sich die Membran elektrisch auf, und zwar auf beiden Seiten, entsprechend den Konzentrationen der betreffenden Kationen. Diese Kationen sind – je nach Art des Glases – Hydroniumionen oder Alkalimetallionen.

Damit die Aufladung der Membran nur von der Konzentration der Ionen in der Probelösung abhängt, verwendet man eine Innenlösung mit konstantem pH-Wert, also eine Pufferlösung. Diese enthält außerdem z. B. gelöstes KCl und bildet mit einer mit AgCl beschichteten Ableitelektrode aus Silber gewissermaßen eine innere Bezugselektrode mit konstantem Potential.

Oft sind die Bezugselektrode sowie die Ableitelektrode der Arbeitselektrode gleich. Weist außerdem die Innenlösung einen pH-Wert von 7 auf, so erwartet man bei einer Probelösung von pH 7 ein Elektrodenpotential Null, da die Anordnung symmetrisch sein sollte. Dies ist in der Praxis jedoch nicht genau der Fall, man erhält ein sogenanntes *Asymmetriepotential* E_{Asymm} (Abb. 4.11). Die Auftragung des Elektrodenpotentials über dem pH-Wert ergibt eine *Steilheit* (Steigung), die bei 25 °C etwa –59 mV beträgt. Die Geradengleichung lautet also

$$E = E_{Asymm} + 7 \cdot 59 \text{ mV} - 59 \text{ mV} \cdot \text{p}H \,. \qquad (4.12)$$

Diese Gleichung ist analog zur Nernst-Gleichung für Wasserstoffelektroden bei 25 °C:

$$E = -59 \text{ mV} \cdot \text{p}H \,. \qquad (4.13)$$

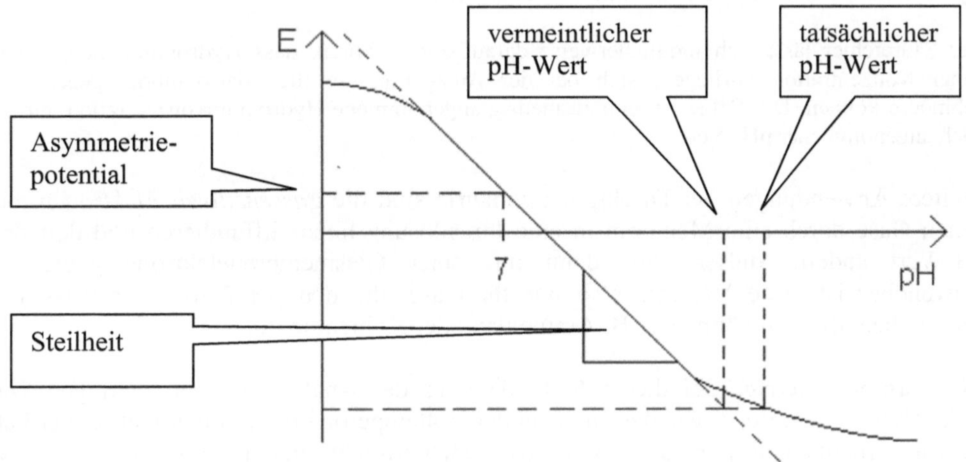

Abb. 4.11: Abhängigkeit des Potentials einer Glaselektrode vom pH-Wert

Wie man in Abb. 4.11 erkennt, zeigt die pH-Funktion des Elektrodenpotentials bei extrem niedrigen sowie bei extrem hohen pH-Werten Abweichungen vom linearen Verlauf. Es ist in dem pH-Bereich zu kalibrieren, in dem die pH-Werte der Probelösungen zu erwarten sind.

Kalibriert man dagegen im schwach sauren bis schwach basischen Bereich und misst stark saure oder stark basische Lösungen, so treten Fehler auf, die als *Säurefehler* bzw. *Alkalifehler* bezeichnet werden.

Das Phänomen wird im Folgenden am Alkalifehler exemplarisch für beide Fehlerarten beschrieben:

> Die Glaselektrode zeigt beim Eintauchen in eine stark basische Lösung – pH 12 oder mehr – ein bestimmtes Potential. Wenn im gemäßigten pH-Bereich kalibriert wurde, dann ergibt sich an Hand der gestrichelten Linie ausgehend von dem gemessenen Potential ein vermeintlicher pH-Wert, der niedriger ist als der tatsächlich vorliegende pH-Wert.

In Analogie zum Alkalifehler wird beim Säurefehler ein zu hoher pH-Wert vorgetäuscht.

Erklärungsmöglichkeiten für Säurefehler und Alkalifehler

In stark alkalischer Lösung liegt zwangsläufig eine hohe Konzentration an Alkalimetallionen vor, desgleichen eine äußerst niedrige Konzentration an Hydroniumionen. Auf Grund ihres großen Überschusses zeigen die Alkalimetallionen eine Querempfindlichkeit und täuschen eine zu hohe Hydroniumkonzentration vor, also einen zu niedrigen pH-Wert.

Der Säurefehler lässt sich möglicherweise darauf zurückführen, dass Hydroniumionen, die in hoher Konzentration vorliegen, sich bei der Anlagerung an die Glasmembran gegenseitig behindern können. Die Folge ist eine zu niedrig angenommene Hydroniumkonzentration, ein zu hoch angenommener pH-Wert.

Weitere Anwendungen der Direktpotentiometrie sind die *gassensitiven Elektroden,* bei denen Gase durch eine Membran in eine Innenlösung hineindiffundieren und dort den pH-Wert ändern; dieser wird dann mit einer Glasmembranelektrode gemessen. Anwendbar ist diese Variante also nur für Gase, die den pH-Wert einer wässrigen Lösung beeinflussen können, z. B. Ammoniak oder Kohlendioxid.

Direktamperometrie. Bei dieser Methode wird der Analyt zu einem geringen Teil elektrolytisch umgesetzt, wie das auch bei der Voltamperometrie (Voltammetrie) der Fall ist. Eine erhebliche Zeitersparnis wird hier jedoch erreicht, indem die *Strommessung bei konstanter statt bei variabler Spannung* erfolgt. Die Arbeitsspannung muss allerdings im Bereich der polarographischen Stufe des Analyten liegen. Die Messung erfolgt stets *bei gerührter Lösung.*

Verfolgt man mit einer solchen Strommessung eine Titration, um den Äquivalenzpunkt festzustellen, so handelt es sich um die *Indikationsmethode Amperometrie,* bestimmt man den Analytgehalt jedoch direkt mit Hilfe einer Kalibrierung, so wird das hier *Direktamperometrie* genannt.

Eine Anwendungsmöglichkeit der Direktamperometrie ist die Bestimmung von Gasen. Hierzu wurden für mehrere Gase spezielle Elektrodenkombinationen entwickelt: Wasserstoff, Kohlenmonoxid, Schwefeldioxid, Stickstoffmonoxid, Stickstoffdioxid, Disauerstoff, Ozon sowie einzelne Kohlenwasserstoffe [3].

Ein Beispiel für diese Technik ist die Bestimmung des gelösten Sauerstoffs in Wasser oder in Blut mit Hilfe der *Clark-Elektrode* (Abb. 4.12).

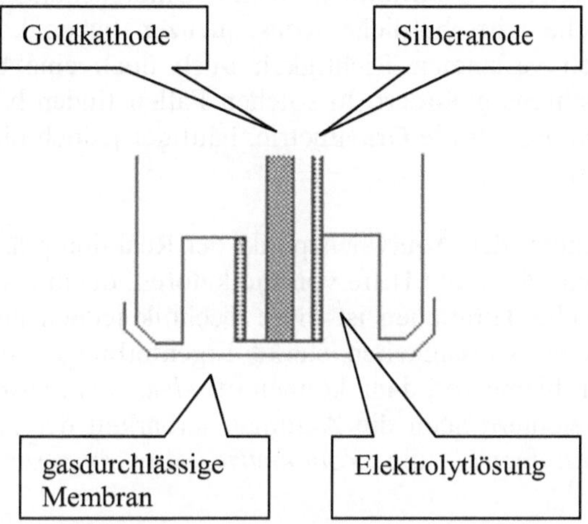

Abb. 4.12: Clark-Elektrode für die Bestimmung des gelösten Sauerstoffs

Der in der Probelösung gelöste Sauerstoff gelangt unter ständigem Rühren an eine gasdurchlässige Membran, diffundiert durch diese hindurch in eine chloridhaltige Innenlösung und wird auf Grund einer Spannung 0,6 bis 0,9 V an einer Goldkathode reduziert:

$$O_2 + 4\,H_3O^+ + 4\,e^- \rightarrow 6\,H_2O \ .$$

Die Anode besteht aus Silber, das anodisch oxidiert und dann mit Chlorid gefällt wird, das aus der Elektrolytlösung stammt:

$$Ag + Cl^- \rightarrow AgCl + e^- \ .$$

Ein weiteres Beispiel ist die *Bestimmung des Kohlenmonoxids* in Luft, z. B. zu Zwecken des Arbeitsschutzes [3]. Die hier eingesetzte Messzelle enthält zwei Graphitelektroden, die mit platinhaltigen Katalysatoren beschichtet sind. Das Kohlenmonoxid wird an der Anode oxidiert:

$$CO + 3\,H_2O \rightarrow CO_2 + 2\,H_3O^+ + 2\,e^- \ .$$

Als Kathodenreaktion dient hierbei eine Reduktion von Luftsauerstoff:

$$O_2 + 4\,H_3O^+ + 4\,e^- \rightarrow 6\,H_2O \ .$$

4.2   Elektroanalytische Indikationsmethoden

Prinzip der elektroanalytischen Indikation. Wenn Untersuchungen durchgeführt werden sollen, die erhebliche wirtschaftliche Konsequenzen haben können, dann ist neben der selbstverständlich verlangten Richtigkeit auch noch eine besonders hohe Präzision des Analysenverfahrens gefordert. In solchen Fällen finden häufig klassische Analysenmethoden Verwendung, oft die Gravimetrie, häufiger jedoch die meist leichter durchzuführende *Maßanalyse.*

Bei Titrationen ist es notwendig, den Äquivalenzpunkt der Reaktion präzis zu erkennen. Dies geschieht zwar in vielen Fällen mit Hilfe von Indikatoren, die am Äquivalenzpunkt ihre Farbe ändern; für manche Titrationen ist diese Technik jedoch nicht anwendbar, weil die betreffenden Reaktionsflüssigkeiten starke Eigenfärbungen oder Trübungen aufweisen. Liegen solche Probleme vor, dann können oft *elektroanalytische Indikationsmethoden* abhelfen. Sie erleichtern auch die Automatisierbarkeit der Analytik. Solche Methoden sind die *Potentiometrie,* die *Voltametrie,* die *Amperometrie* und die *Konduktometrie.*

Allen diesen Methoden ist gemeinsam, dass während der Titration der gerührten Lösung eine elektrische Messgröße verfolgt wird, deren Funktion durch einen Knick oder einen Sprung den Äquivalenzpunkt anzeigt.

Potentiometrie. Mit Hilfe einer Messanordnung, wie im Abschnitt Direktpotentiometrie in Kap. 4.1 beschrieben, wird während der Titration das Potential einer Arbeitselektrode stromlos gemessen. Dieses Potential muss beeinflusst werden durch den Analyten, die Titersubstanz oder – seltener – durch einen dritten Stoff, der in definierter Stoffmenge zugesetzt wird und nach dem Analyten mit der Titersubstanz reagiert (z. B. Silberionen bei der potentiometrischen Komplexbildungstitration). Bei Messung des Potentials der Arbeitselektrode erhält man einen Kurvenverlauf, der durch einen Sprung gekennzeichnet ist, dessen Wendepunkt am Äquivalenzpunkt liegt (Abb. 4.13).

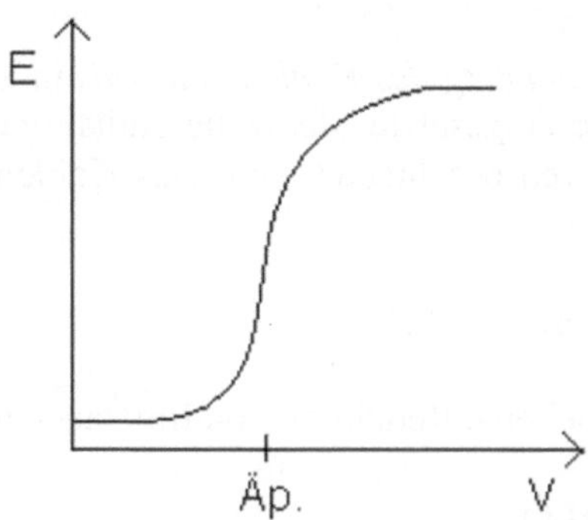

Abb. 4.13: Potentiometrische Titrationskurve

Je nachdem, ob der für das Potential maßgebliche Stoff am Äquivalenzpunkt auftritt oder verschwindet, und je nachdem, in welcher Richtung er das Potential der Arbeitselektrode beeinflusst, erhält man am Äquivalenzpunkt eine Zu- bzw. Abnahme des Elektrodenpotentials.

Wird zum Beispiel bei der Titration einer basischen Probelösung mit Salzsäure-Maßlösung eine pH-Einstabmesskette verwendet, so treten nach dem Äquivalenzpunkt vermehrt Hydroniumionen auf, die das Potential der Glasmembran in positiver Richtung verschieben.

Die Potentiometrie kann für alle Arten von Titrationsreaktionen eingesetzt werden. In Tab. 4.2 sind häufig eingesetzte Arbeitselektroden und die entsprechenden potentialbestimmenden Ionen aufgeführt.

Tab. 4.2: Anwendungsmöglichkeiten der Potentiometrie

Art der Titrationsreaktion	Arbeitselektrode	potentialbestimmendes Ion
Komplexbildung	Silberelektrode	Silberionen aus zugesetztem Silbernitrat
Fällung (Argentometrie)	Silberelektrode	Silberionen
Säure-Base-Reaktion	Glasmembranelektrode	Hydroniumionen
Redoxreaktion	Platinelektrode	Messung des allgemeinen Redoxpotentials der Lösung

Da bei der Potentiometrie stromlos gemessen wird, ist praktisch der einzige Vorgang, durch den sich an der Elektrodenoberfläche ein Gleichgewichtszustand herausbildet, die *Diffusion*. Die Gleichgewichtseinstellung ist daher oft so langsam, dass auch besonders langsam titriert werden muss, damit die Veränderung des Potentials nicht zu sehr gegenüber dem Verbrauch an Maßlösung verzögert ist. Ein Überbefund wäre dann nämlich die Folge.

Eine Möglichkeit, die Vorgänge an der Elektrode zu beschleunigen, ist die Messung bei einem konstanten Arbeitsstrom, wodurch die Migration zum Stofftransport beiträgt. Die entsprechende Methode ist die *Voltametrie*.

Voltametrie. Bei konstantem Arbeitsstrom wird die an einer Arbeitselektrode anliegende Spannung in Abhängigkeit vom aktuellen Maßlösungsverbrauch gemessen. Auf Grund des Stromflusses spricht die Arbeitselektrode vergleichsweise schnell an, so dass z. B. mit einem automatischen Titrator oft höhere Titrationsgeschwindigkeiten erzielt werden können als bei der Potentiometrie.

Zur Erklärung der beobachtbaren Titrationskurven wird zunächst eine *polarographische Stufe* betrachtet, z. B. die des Eisens; bei einer komplexometrischen Titration z. B. mit EDTA würde diese Stufe – falls während der Titration mehrmals aufgenommen – immer flacher, bis ihre Höhe schließlich den bei der Titration beabsichtigten Arbeitsstrom unterschreitet (Abb. 4.14).

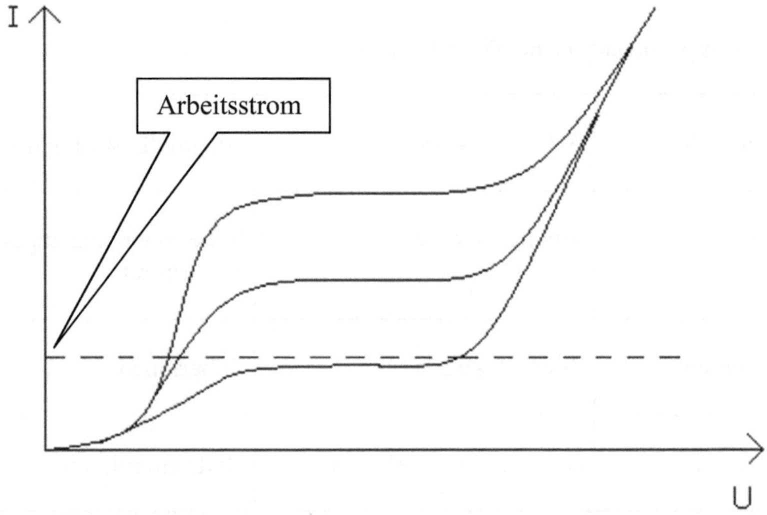

Abb. 4.14: Polarographische Stufe zur Erklärung der voltametrischen Titration

An der Höhe dieser Stufe könnte man den Fortgang der Titration verfolgen, nur wäre die wiederholte Aufnahme der Stufe zu zeitaufwändig. Stattdessen wird während der Titration – wie eingangs berichtet – bei konstantem Arbeitsstrom gemessen. Die in diesem Fall bei einem bestimmten Maßlösungsverbrauch messbare Spannung lässt sich als Abszissenwert des Schnittpunktes ablesen, der von der polarographischen Stufe mit der Arbeitsstrom-Geraden gebildet wird.

Die Auftragung dieser Spannungswerte ergibt die *theoretische voltametrische Titrationskurve* (Abb. 4.15). Der Wendepunkt dieser Kurve und somit der Endpunkt dieser Titration fällt mit der Situation zusammen, bei der die Höhe der polarographischen Stufe den Arbeitsstrom unterschreitet. Dies geschieht jedoch vor dem Äquivalenzpunkt, bei dem die polarographische Stufe praktisch verschwindet.

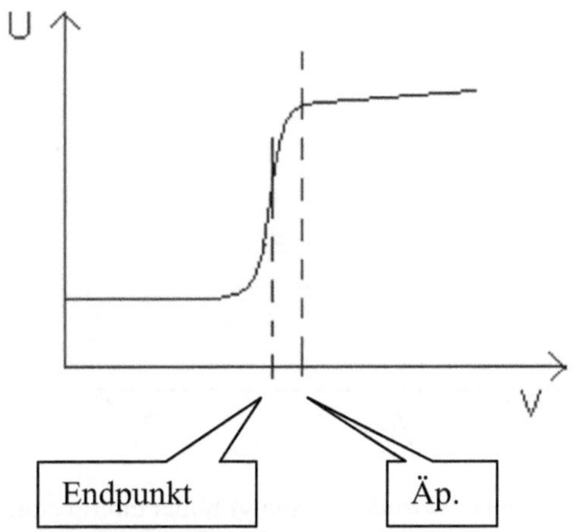

Abb. 4.15: Voltametrische Titrationskurve

Die Voltametrie als Methode ist folglich stets mit einem systematischen Fehler – nämlich einem *Unterbefund* behaftet, der mit der Größe des vorliegenden Arbeitsstromes wächst. Dieser Unterbefund verschwindet theoretisch, wenn der Arbeitsstrom gleich Null gesetzt wird; in diesem Falle läge eine potentiometrische Messung vor.

Voltametrie mit zwei Arbeitselektroden

Eine Variante der Voltametrie ergibt sich durch Verwendung zweier Arbeitselektroden, z. B. Platinstift-Elektroden. Damit ein Stromfluss möglich wird, müssen an beiden Elektroden gleichermaßen elektrochemische Reaktionen stattfinden. Dies geschieht z. B. bei Anwesenheit eines Redoxpaares, bei dem die oxidierte Form elektrochemisch in die reduzierte überführt werden kann und umgekehrt. Ein solches Redoxpaar wird als *reversibles Redoxpaar* bezeichnet, ein Beispiel hierfür ist Eisen(II)/Eisen(III). Ein Gegenbeispiel hierzu ist Thiosulfat/Tetrathionat, da Thiosulfat zwar zum Tetrathionat oxidiert werden kann, Tetrathionat jedoch zu mehreren Zerfallsreaktionen neigt.

Bildet der Analyt, z. B. Eisen(III), mit seinem elektrochemischen Reaktionsprodukt, hier Eisen(II), ein reversibles Redoxpaar, so erhält man zu Beginn der Titration niedrige Spannungswerte, die vor dem Äquivalenzpunkt aus Mangel an Analyt ansteigen. Der Verlauf nach dem Äquivalenzpunkt hängt davon ab, ob die Titersubstanz ein reversibles Redoxpaar bildet; bildet sie keines, so resultieren vergleichsweise hohe Spannungen, bildet sie eines, so sind die Spannungen niedrig (Abb. 4.16).

Die Voltametrie wird u. a. bei komplexometrischen Titrationen zur Bestimmung von Metallkationen eingesetzt.

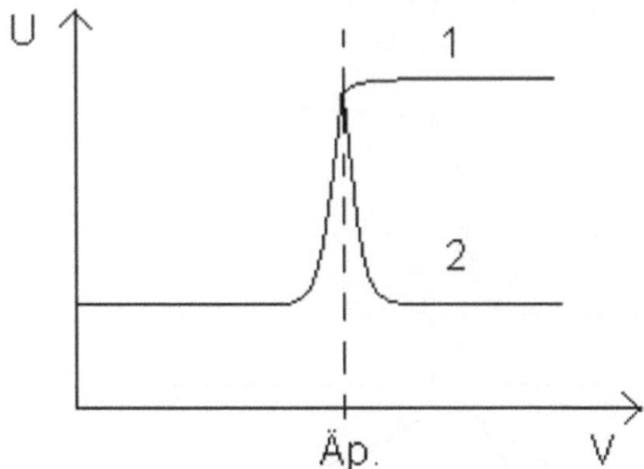

Abb. 4.16: Voltametrie mit zwei Arbeitselektroden – Analyt bildet ein reversibles Redoxpaar; 1 – Titersubstanz bildet kein reversibles Redoxpaar; 2 – Titersubstanz bildet ein reversibles Redoxpaar

Amperometrie. Das Messprinzip wird insofern umgekehrt, als bei konstanter Arbeitsspannung der über eine Arbeitselektrode fließende Strom gemessen wird. Die Arbeitsspannung kann zum Erzielen einer Selektivität z. B. so gewählt werden, dass sie im Bereich der polarographischen Stufe des Analyten liegt. Der Strom wird dann während der Titration abnehmen, so lange die Konzentration des Analyten abnimmt, also etwa bis zum Äquivalenzpunkt; danach kann die Stromstärke einen konstanten Verlauf zeigen, so dass also ein Knickpunkt vorliegt (Abb. 4.17 und Abb. 4.18).

Ein wesentlicher Vorteil gegenüber der Voltametrie mit einer Arbeitselektrode ist, dass bei der Amperometrie *kein methodisch bedingter systematischer Fehler* auftritt. Nachteilig ist dagegen die am Knickpunkt zu beobachtende *Abrundung der Titrationskurve.* Diese Abweichung vom idealen Knickpunkt ist nicht nur apparativ, sondern durchaus methodisch bedingt: ein Analyt verschwindet am Äquivalenzpunkt nicht vollständig aus dem Reaktionsgemisch, sondern liegt äquivalent zur Titersubstanz vor, also in dem Stoffmengenverhältnis, wie dies durch die Reaktionsgleichung wiedergegeben wird. Nach dem Äquivalenzpunkt nimmt die Konzentration weiter ab und nähert sich asymptotisch dem Wert Null.

Wie die Voltametrie kann auch die *Amperometrie mit zwei Arbeitselektroden,* z. B. Platinstift-Elektroden betrieben werden, so dass Auftreten oder Verschwinden reversibler Redoxpaare angezeigt wird. Diese Variante wird auch als *Dead-Stop-Titration* bezeichnet, da der Endpunkt der Titration durch eine annähernde Nullstelle der Stromstärkenfunktion angezeigt wird (Abb. 4.19).

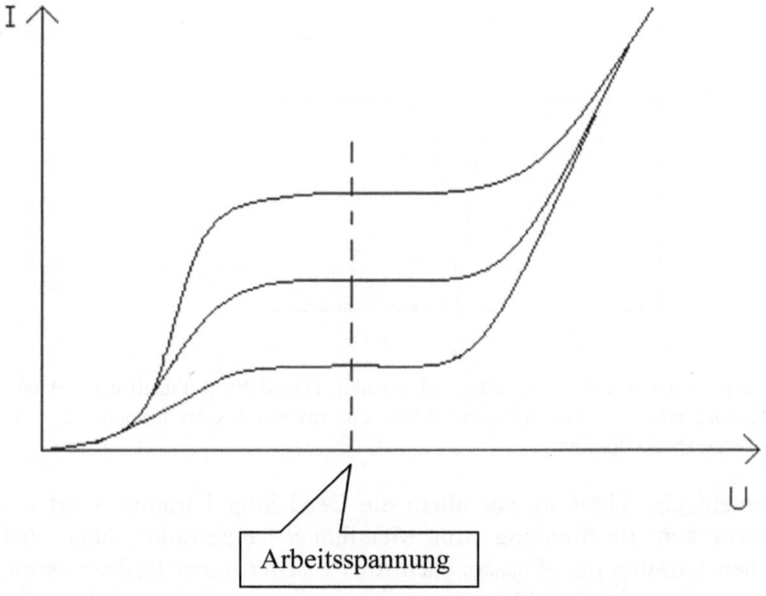

Abb. 4.17: Polarographische Stufe zur Erklärung der amperometrischen Titration

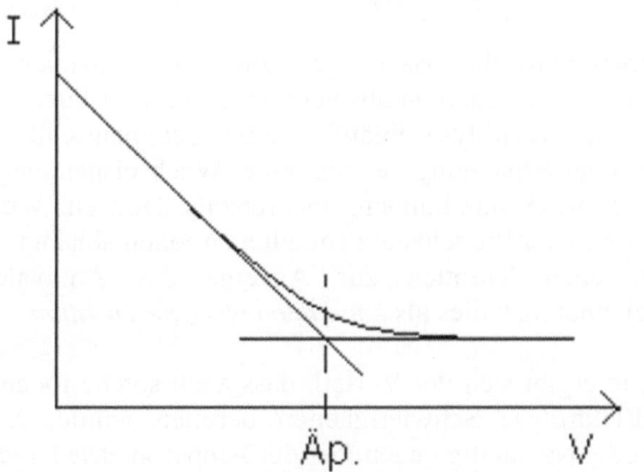

Abb. 4.18: Amperometrische Titrationskurve

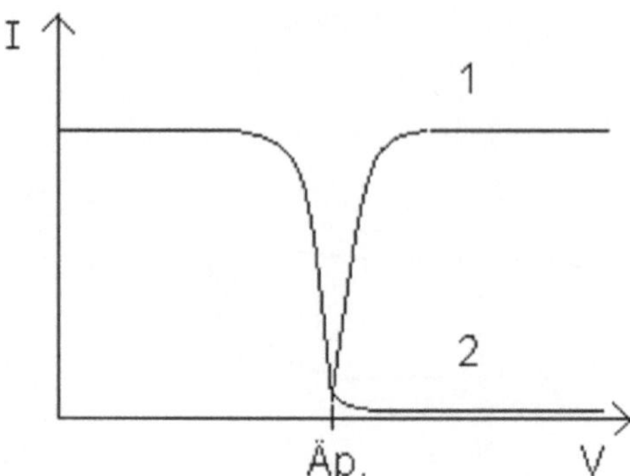

Abb. 4.19: Amperometrie mit zwei Arbeitselektroden (Dead-Stop-Titration) – Analyt bildet ein reversibles Redoxpaar; 1 – Titersubstanz bildet ein reversibles Redoxpaar; 2 – Titersubstanz bildet kein reversibles Redoxpaar

Die amperometrische Titration, vor allem die Dead-Stop-Titration, wird z. B. bei der komplexometrischen Bestimmung von Metallionen angewandt, aber auch bei der iodometrischen Titration des Wassers nach *Karl Fischer,* einer Redoxreaktion zwischen Iod und Schwefeldioxid mit nicht genau stöchiometrischem Wasserverbrauch.

Eine der amperometrischen Titration verwandte Bestimmungsmethode ist *die Direkt-amperometrie,* z. B. für die Bestimmung des gelösten Sauerstoffs in Wasser- oder Blutproben.

Konduktometrie. Da amperometrische Messungen auf den Prinzipien der Volt-amperometrie beruhen, führen sie nur dann zu auswertbaren Titrationskurven, wenn mit Analyt oder Titersubstanz eine Elektrolyse abläuft. Verwendet man statt der bei der Amperometrie anliegenden Gleichspannung jedoch eine Wechselspannung, so wird einerseits zwar jegliche Elektrolyse unterbunden, andererseits kann ein Wechselstrom gemessen werden, der von den in der Probelösung enthaltenen Ionen abhängt. Wenn eine solche Messung während einer Titration zur Anzeige des Äquivalenzpunktes vorgenommen wird, so bezeichnet man dies als *konduktometrische Titration.*

Gegenüber der Amperometrie ergibt sich der Vorteil, dass auch solche Ionen miterfasst werden, bei denen eine Elektrolyse Schwierigkeiten bereiten würde, z. B. durch Ablagerungen an der Elektrode. Nachteilig gegenüber der Amperometrie ist jedoch, dass es nicht möglich ist, durch entsprechende Wahl der Arbeitsspannung die Konzentrations-änderung genau einer Ionensorte selektiv zu erfassen.

Zur Durchführung der konduktometrischen Titration verwendet man zwei meist platinierte – d. h. mit einer elektrolytisch erzielten porösen Platinschicht überzogene – Platinblech-Elektroden. Eine geringe Wechselspannung mit Frequenzen zwischen 50 Hz und 1000 Hz wird angelegt; bei höheren Frequenzen sind die kapazitiven Widerstände niedriger, was vor allem bei verdünnten Lösungen von Vorteil ist. Messwert ist der *Leitwert G,* welcher von der Geometrie der Messzelle (Abb. 4.20) abhängt, nämlich vom Elektrodenabstand *l* und der Fläche *A* einer Elektrode sowie von der *spezifischen Leitfähigkeit* κ der Lösung:

$$G = \kappa \cdot \frac{A}{l}.$$

$$(4.14)$$

Abb. 4.20: Geometrie der konduktometrischen Messzelle

Die spezifische Leitfähigkeit einer Lösung hängt von der Konzentration c, der Ladungszahl z und der *Äquivalentleitfähigkeit* λ der in ihr enthaltenen Ionen ab:

$$\kappa = \sum_i c_i \, z_i \, \lambda_i .$$

$$(4.15)$$

Die Äquivalentleitfähigkeit hängt ihrerseits entsprechend dem Gesetz von Kohlrausch von der Konzentration c ab:

$$\lambda = \lambda^0 - const.\sqrt{c} .$$

$$(4.16)$$

λ^0 ist der Grenzwert, der bei abnehmender Konzentration angestrebt wird: die *„Äquivalentleitfähigkeit bei unendlicher Verdünnung"*. Sollen verschiedene Ionen hinsichtlich ihrer Leitfähigkeit miteinander verglichen werden, dann wird oft näherungsweise λ^0 statt λ verwendet. λ^0 ist für die verschiedenen Ionensorten experimentell ermittelt worden und in Tabellenwerken auffindbar (Tab. 4.3).

Tab. 4.3: Äquivalentleitfähigkeiten λ^0 verschiedener Ionen in Wasser bei 25 °C, angegeben in $S \cdot cm^2 \cdot mol^{-1}$, Werte entsprechend [6]

H^+	349,6	NH_4^+	74	OH^-	197	NO_3^-	71,1
Li^+	38,7	Ag^+	62,2	F^-	55	OAc^-	41,4
Na^+	50,1	Mg^{2+}	58	Cl^-	76,4	SO_4^{2-}	79
K^+	73,5	Ca^{2+}	59	Br^-	78	CO_3^{2-}	74
Rb^+	77	Ba^{2+}	63,2	I^-	77,1	Oxalat	63
Cs^+	77,7	Pb^{2+}	65	CN^-	82	PO_4^{3-}	69

Je größer die Ionenradien der hydratisierten Ionen sind, desto geringer sind die entsprechenden Äquivalentleitfähigkeiten. Man beachte, dass hydratisierte Ionen oft dann besonders groß sind, wenn das jeweilige Ion ohne Hydrathülle eine nur geringe Größe aufweist, so dass die Äquivalentleitfähigkeiten in den Gruppen des Periodensystems gewöhnlich von oben nach unten zunehmen.

Die aus dem Lösungsmittel Wasser durch Eigendissoziation gebildeten Ionen zeigen besonders hohe Äquivalentleitfähigkeiten, da sie ihre Ladung auch ohne nennenswerten Massetransport über die Moleküle des Lösungsmittels Wasser weitergeben können.

Konduktometrische Titrationen sind dann möglich, wenn die Titersubstanz mit dem Analyten eine Reaktion zeigt, bei der Ionen aus der Lösung entfernt werden, z. B. durch *Fällung,* da der hierbei gebildete Niederschlag kein Bestandteil der Lösung mehr ist, oder *Neutralisation,* da hierbei aus elektrisch leitenden Ionen elektrisch neutrale Moleküle gebildet werden, z. B. Wassermoleküle aus Hydronium- und Hydroxidionen. Bei diesen Reaktionen wird jeweils eine Ionensorte des Analyten durch eine Ionensorte der Titersubstanz ersetzt. Bei der Titration von Natronlauge mit Salzsäure entsteht z. B. eine Natriumchloridlösung, also wird Hydroxid durch Chlorid ersetzt.

Bei Auftragung des Leitwertes über dem Titerverbrauch erhält man auf Grund der Titrationsreaktion vor dem Äquivalenzpunkt *Reaktionsgeraden,* die dann ansteigen, wenn ein Ion mit niedriger Äquivalentleitfähigkeit durch eines mit größerer Äquivalentleitfähigkeit ersetzt wird; im umgekehrten Fall freilich fallen diese Reaktionsgeraden. Nach dem Äquivalenzpunkt ergibt sich eine *Überschussgerade,* deren Steigung von den Konzentrationen der Reaktionslösung und der Maßlösung abhängt. Zwischen diesen beiden Geraden ergibt sich am Äquivalenzpunkt ein Knick, analog zu einer amperometrischen Titration, die mit nur einer Arbeitselektrode vorgenommen wird. Der Knick ist nur dann mit hoher Präzision auswertbar, wenn sich die beiden Steigungen von Reaktions- und Überschussgerade deutlich unterscheiden.

In der Praxis werden konduktometrische Titrationen gewöhnlich so ausgelegt, dass die Maßlösung möglichst konzentriert ist, z. B. 1 mol/l, so dass man eine möglichst stark ansteigende Überschussgerade erhält. Freilich ist zu beachten, dass mit steigender Titerkonzentration geringere Titervolumina verbraucht werden, was den statistischen Fehler bei der Auswertung der Titration erhöht.

Die Reaktionsgerade sollte möglichst stark fallen, damit sich die Steigungen der beiden Geraden deutlich unterscheiden. Falls ein Gefälle nicht erreicht werden kann, dann sollte die Reaktionsgerade zumindest nur schwach ansteigen.

Beispiel einer Fällungstitration

Chlorid kann bekanntlich argentometrisch titriert werden, also mit einem Silbersalz als Titersubstanz. Bei klassischer Anzeige des Äquivalenzpunktes, z. B. mit Kaliumchromat als Indikator, verwendet man Silbernitratlösung als Titer. Bei der Fällungsreaktion werden dann Chloridionen durch Nitrationen ersetzt:

$$Cl^- + Ag^+ + NO_3^- \rightarrow AgCl + NO_3^- \ .$$

Aus Tab. 4.3 ist ersichtlich, dass Chlorid und Nitrat sehr ähnliche Äquivalentleitfähigkeiten aufweisen. Bei konduktometrischer Äquivalenzpunktanzeige erhielte man also eine Reaktionsgerade, die praktisch parallel zur Abszissenachse verläuft. Eine deutlich fallende Reaktionsgerade wird nun dadurch erzielt, dass man eine Silberacetatlösung als Titer einsetzt und somit Chlorid bei der Titration durch Acetat ersetzt wird, das eine deutlich geringere Äquivalentleitfähigkeit aufweist (Abb. 4.21):

$$Cl^- + Ag^+ + OAc^- \rightarrow AgCl + OAc^- \ .$$

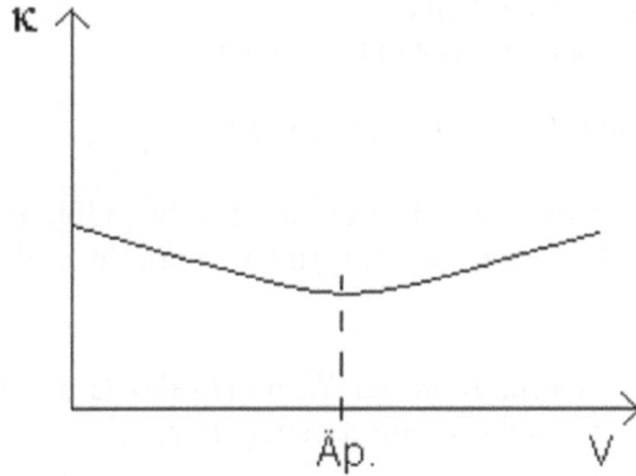

Abb. 4.21: Konduktometrische Titrationskurve
(Beispiel Fällungstitration: Chlorid mit Silberacetat)

Beispiel einer Säure-Base-Titration

Bei Säure-Base-Titrationen steigt die Überschussgerade gewöhnlich besonders stark an, da die überschüssigen Hydronium- oder Hydroxidionen aus der sauren bzw. basischen Titerlösung eine hohe Äquivalentleitfähigkeit aufweisen. Daher darf die Reaktionsgerade bei einer Säure-Base-Titration auch durchaus deutlich ansteigen, ohne dass die Auswertung des Knickpunktes dadurch zu sehr erschwert würde.

Ein Beispiel hierfür ist die Titration des Natriumacetats mit Salzsäure, wobei Acetat durch Chlorid ersetzt wird:

$$OAc^- + H_3O^+ + Cl^- \rightarrow HOAc + H_2O + Cl^-.$$

Dies führt zwar zu einer ansteigenden Reaktionsgeraden, der Knickpunkt bleibt jedoch auswertbar (Abb. 4.22).

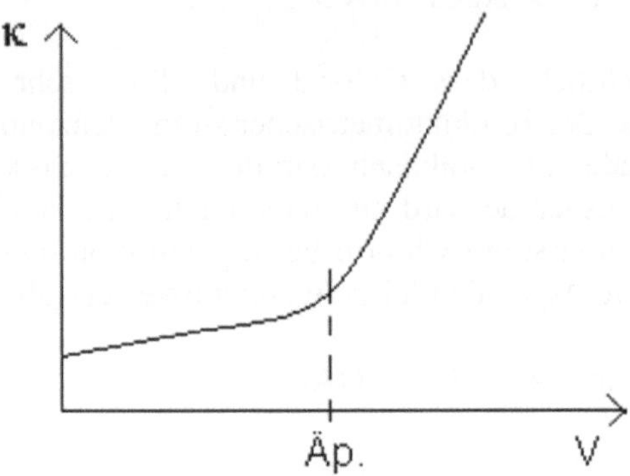

Abb. 4.22: Konduktometrische Titrationskurve
(Beispiel Säure-Base-Titration: Natriumacetat mit Salzsäure)

Hochfrequenzkonduktometrie (Hochfrequenztitration)

Statt im Bereich von 50 bis 1000 Hz wird bei dieser aufwändigeren Variante im MHz-Bereich gearbeitet. Es ergeben sich die folgenden Vorteile und die entsprechenden Anwendungsbereiche:

- Die Elektroden werden außerhalb an der Wandung des Glasgefäßes angebracht, so dass sie nicht in direkten Kontakt mit der Lösung geraten.

→ Die Analyse wird auch bei Proben möglich, durch die die Elektroden verunreinigt oder korrodiert werden könnten.

- Indem die Hochfrequenz der angelegten Wechselspannung variiert wird, können über die Änderung der kapazitiven Widerstände für ganz verschiedene Leitfähigkeitsbereiche auswertbare Titrationskurven erhalten werden.

→ Dies ermöglicht auch die Analyse in solchen Fällen, in denen sehr geringe Leitfähigkeitsänderungen während der Titration auftreten. Eine Erhöhung der Frequenz f bewirkt eine Verringerung des kapazitiven Widerstands R_C gemäß

$$R_C = \frac{1}{2\pi f C}. \tag{4.17}$$

5 Physikalisch-Chemische Analysenmethoden

5.1 Besonderheit der Physikalisch-Chemischen Analysenmethoden

Bei klassischen, chemischen Analysenmethoden erfolgt die Auswertung über stöchiometrische Gesetzmäßigkeiten, nämlich über eine bekannte Reaktionsgleichung und gleichfalls bekannte Molmassen.

Bei rein physikalischen, z. B. optischen Methoden wird mit Hilfe einer Kalibrierung ausgewertet, da die Messwerte vielfältigen Einflussgrößen ausgesetzt sind.

Die *elektroanalytischen Bestimmungsmethoden* mit Ausnahme der klassischen Elektrogravimetrie können als *physikalisch-chemische Methoden* aufgefasst werden, da bei ihnen sowohl physikalische Prinzipien als auch chemische Reaktionen zur Messung ausgenutzt werden und in diesen Fällen physikalisch-chemische Gesetzmäßigkeiten theoretisch zur Auswertung dienen könnten:

- Coulometrie – Faraday-Gesetze,
- Voltamperometrie und Direktamperometrie – Ilkovič-Gleichung,
- Direktpotentiometrie – Nernst-Gleichung.

Weitere physikalisch-chemische Methoden werden im Folgenden beschrieben, die *Kryoskopie,* die *Ebullioskopie* und die *Bestimmung des osmotischen Drucks.* Gemessen werden hierbei sogenannte *kolligative Effekte,* die nur von der Teilchenzahl, nicht jedoch von der Art der Stoffe abhängen. Diese Methoden sind daher unselektiv und lassen präzise Aussagen über den Gehalt eines Analyten nur dann zu, wenn die übrige Zusammensetzung der Probe genau bekannt ist. Die hier zu schildernden Methoden werden zu folgenden Zwecken eingesetzt:

- Gehaltsbestimmung in Proben, bei denen lediglich die Analytkonzentration unbekannt ist,
- Molmassenbestimmung, wobei der zu untersuchende Stoff in bekannter Konzentration in einem geeigneten Lösungsmittel gelöst sein muss,
- Qualitätskontrolle (z. B. Milch),
- medizinische Untersuchungen (z. B. Blut, Urin).

5.2   Kryoskopie

Prinzip. Wenn in einer Lösung der gelöste Stoff weit weniger flüchtig ist als das Lösungsmittel, z. B. Wasser, so ist der Dampfdruck der Lösung p_{LSG} geringer als der Dampfdruck des reinen Lösungsmittels p_{LSM}. Diese Erscheinung wird als *Dampfdruckerniedrigung* bezeichnet, wobei dieser Begriff auch für die Differenz der beiden Dampfdrücke Δp verwendet wird:

$$\Delta p = p_{LSM} - p_{LSG} \cdot \qquad (5.1)$$

Da nur das Lösungsmittel zum Lösungs-Dampfdruck beiträgt, ergibt sich dieser als Produkt des Stoffmengenanteils und des Dampfdrucks des Lösungsmittels:

$$p_{LSG} = x_{LSM} \cdot p_{LSM} \cdot \qquad (5.2)$$

Diese Gesetzmäßigkeit ist als *das erste Raoultsche Gesetz* bekannt. Setzt man den Lösungs-Dampfdruck aus (5.2) in (5.1) ein, so ergibt sich

$$\Delta p = p_{LSM} - x_{LSM} \cdot p_{LSM} = (1 - x_{LSM})\, p_{LSM} \cdot \qquad (5.3)$$

In einem Zweikomponentensystem ist der erwähnte Klammerausdruck mit dem Stoffmengenanteil des gelösten Stoffes x_{GS} identisch. Die relative Dampfdruckerniedrigung ergibt sich dann zu

$$\frac{\Delta p}{p_{LSM}} = x_{GS} \cdot \qquad (5.4)$$

Eine der Formulierungen des ersten Raoultschen Gesetzes lautet dementsprechend [1]:

> *Die relative Dampfdruckerniedrigung ist gleich dem Stoffmengenanteil des gelösten Stoffes und unabhängig von der Temperatur und der Natur des gelösten Stoffes.*

Trägt man die Dampfdruckkurven einer Lösung und des reinen Lösungsmittels als Phasendiagramm über der Temperatur auf, so verläuft die Dampfdruckkurve der Lösung unter der des reinen Lösungsmittels (Abb. 5.1).

Der vertikale Abstand zwischen den Kurven ist bei Annahme einer sogenannten idealen Lösung temperaturunabhängig; es handelt sich hierbei freilich um die Dampfdruckerniedrigung Δp aus (5.1), (5.3) und (5.4).

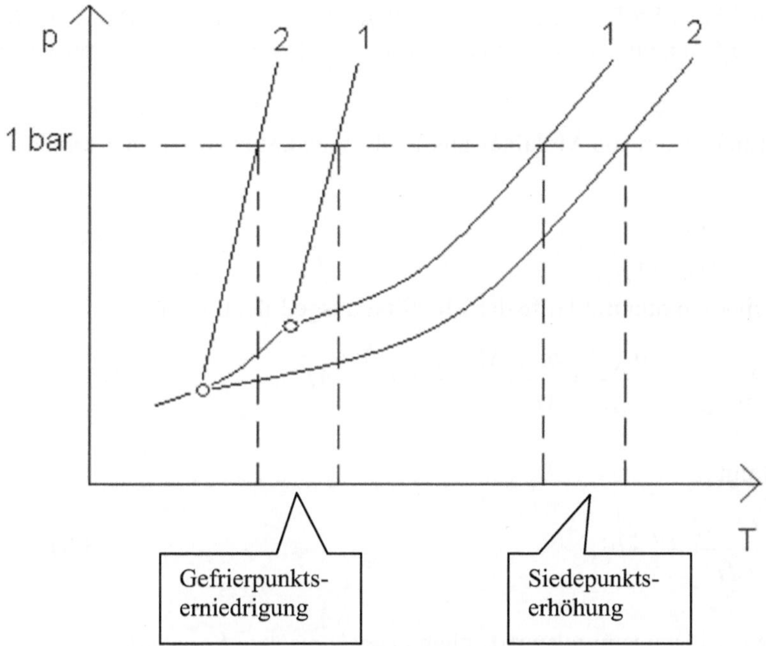

Abb. 5.1: Phasendiagramm mit Dampf- und Schmelzdruckkurven des Lösungsmittels (1) und einer Lösung (2), Verschiebung des Tripelpunktes

Aus dem Diagramm ist zu ersehen, dass sich durch Auflösung eines Stoffes nicht nur die Dampfdruckkurve verlagert, sondern auch der Tripelpunkt und die Schmelzdruckkurve.

Dies führt bei einem gegebenen Druck, z. B. einem Bar, zu einer Gefrierpunkts-erniedrigung und zu einer Siedepunktserhöhung, wie dies durch die Hilfslinien gezeigt wird. Die Gefrierpunktserniedrigung ist übrigens näherungsweise gleich der Differenz der beiden Tripelpunktstemperaturen.

Für die Gefrierpunktserniedrigung ΔT^{sl} kann sowohl theoretisch als auch experimentell gezeigt werden, dass ihr Betrag dem Stoffmengenanteil des gelösten Stoffes x_{GS} proportional ist:

$$\left| \Delta T^{sl} \right| = \frac{R\,T^2}{\Delta H^{sl}} \cdot x_{GS} \ . \tag{5.5}$$

Hierbei ist R die Gaskonstante, T die Schmelztemperatur und ΔH^{sl} die molare Schmelz-enthalpie.

Der Stoffmengenanteil des gelösten Stoffes x_{GS} ist zur Beschreibung einer Lösung im Routinefall nicht gut geeignet. Besser eignet sich dessen Molalität b_{GS} als Quotient aus der Stoffmenge des gelösten Stoffes und der Gesamtmasse m_{LSM} des Lösungsmittels. Im Fall sehr verdünnten Lösungen ist diese Masse mit der Masse der Lösung praktisch identisch.

Wie aus (5.6) ersichtlich, kann die Molalität aus leicht zugänglichen Größen errechnet werden.

$$b_{GS} = \frac{n_{GS}}{m_{LSM}} = \frac{m_{GS}}{M_{GS}\, m_{LSM}} \ . \tag{5.6}$$

Der Stoffmengenanteil kann nun mit Hilfe der Molalität ausgedrückt werden:

$$x_{GS} = \frac{n_{GS}}{n_{GS} + n_{LSM}} \approx \frac{n_{GS}}{n_{LSM}} = \frac{m_{GS}\, M_{LSM}}{M_{GS}\, m_{LSM}} = b_{GS} \cdot M_{LSM} \ . \tag{5.7}$$

Aus (5.5) und (5.7) folgt

$$\left| \Delta T^{\ sl} \right| = \frac{R\,T^2\, M_{LSM}}{\Delta H^{\ sl}} \cdot b_{GS} \tag{5.8}$$

und nach Einführung der lösungsmittelspezifischen *kryoskopischen Konstante*

$$K_K = \frac{R\,T^2\, M_{LSM}}{\Delta H^{\ sl}} \tag{5.9}$$

folgt schließlich die einfache Beziehung

$$\left| \Delta T^{\ sl} \right| = K_K \cdot b_{GS} \ . \tag{5.10}$$

Zum Zweck der Gehaltsbestimmung kann bei Kenntnis der kryoskopischen Konstante aus der Gefrierpunktmessung die Molalität ermittelt werden:

$$b_{GS} = \frac{\left| \Delta T^{\ sl} \right|}{K_K} \ . \tag{5.11}$$

Mit (5.6) erhält man die Molmasse des gelösten Stoffes:

$$M_{GS} = \frac{m_{GS}}{b_{GS}\, m_{LSM}} = \frac{m_{GS}\, K_K}{\left| \Delta T^{\ sl} \right| m_{LSM}} \ . \tag{5.12}$$

Kryoskopische Konstanten

Aus [1] wurden folgende kryoskopische Konstanten entnommen (Angaben in K·kg/mol):

Wasser	1,86
Ameisensäure (Methansäure)	2,77
Essigsäure (Ethansäure)	3,9
Dioxan	4,7
Chloroform (Trichlormethan)	4,90
Pyridin	4,97
Benzol (Benzen)	5,07
Phenol	7,27
Cyclohexan	20,2
Tetrachlormethan	29,8

Anwendungsbeispiele. Die Kryoskopie ermöglicht die Ermittlung der gesamten Molalität aller gelösten Stoffe und ist daher unspezifisch. Die Methode eignet sich jedoch wegen der Einfachheit ihrer Anwendung in besonderem Maße für die *Überprüfung der Qualität von Lösungen*. Beispiele hierfür sind:

- Messung von Fremdwasser in Milch
- Messung der Gesamtmolalität von Blut, Urin und anderen Flüssigkeiten

Für solche Untersuchungen sind Geräte zur hochpräzisen Gefrierpunktbestimmung von Flüssigkeiten im Handel erhältlich. Wenige Milliliter einer Probe werden unter reproduzierbaren Bedingungen eingefroren; eine Unterkühlung der Flüssigkeit unter den Gefrierpunkt und somit eine Verzögerung des Gefriervorgangs wird durch Beschallung mit Ultraschall verhindert. Die Gefriertemperatur wird mit einem Ablesefehler in der Größenordnung von einem Millikelvin gemessen.

Ein weiteres Beispiel für die Anwendung der Kryoskopie ist die *Identifizierung von Feststoffen:*

Feststoffe können häufig durch eine Schmelzpunktbestimmung identifiziert werden, z. B. auf der Kofler-Bank. Ist der zu untersuchende Stoff jedoch verunreinigt, so ist der gemessene Schmelzpunkt zu niedrig und die Identifizierung wird dadurch erheblich erschwert. Diesen Sachverhalt kann man jedoch zur Prüfung der Frage ausnutzen, ob ein unbekannter Stoff mit einem bekannten Stoff identisch ist. Hierbei verreibt man beide Stoffe miteinander und prüft anschließend, ob sich der Schmelzpunkt des bekannten Stoffes dabei verringert hat.

5.3   Ebullioskopie

Prinzip. Wird in einem Lösungsmittel, z. B. Wasser, ein Stoff gelöst, so nimmt der Dampfdruck gemäß dem Raoultschen Gesetz ab, wie dies in Kap. 5.2 ausgeführt wurde. Hierbei wird nicht nur der Gefrierpunkt erniedrigt, sondern es resultiert auch eine Siedepunktserhöhung (vgl. Abb. 5.1).

Für die Siedepunktserhöhung $\Delta T^{\,lg}$ kann analog zur Gefrierpunktserniedrigung gezeigt werden, dass ihr Betrag dem Stoffmengenanteil des gelösten Stoffes x_{GS} proportional ist:

$$\left| \Delta T^{\,lg} \right| = \frac{R\,T^2}{\Delta H^{\,lg}} \cdot x_{GS} \; . \tag{5.13}$$

Hierbei ist R die Gaskonstante, T die Siedetemperatur und $\Delta H^{\,lg}$ die molare Verdampfungsenthalpie.

Unter Verwendung von (5.7) kann die Siedepunktserhöhung auch in Abhängigkeit von der Molalität des gelösten Stoffes ausgedrückt werden:

$$\left| \Delta T^{\,lg} \right| = \frac{R\,T^2\,M_{LSM}}{\Delta H^{\,lg}} \cdot b_{GS} \; . \tag{5.14}$$

Nach Einführung einer lösungsmittelspezifischen *ebullioskopischen Konstante*

$$K_E = \frac{R\,T^2\,M_{LSM}}{\Delta H^{\,lg}} \tag{5.15}$$

folgt schließlich die einfache Beziehung

$$\left| \Delta T^{\,lg} \right| = K_E \cdot b_{GS} \; . \tag{5.16}$$

Zum Zweck der Gehaltsbestimmung kann bei Kenntnis der ebullioskopischen Konstante aus der Messung des Siedepunktes die Molalität ermittelt werden:

$$b_{GS} = \frac{\left| \Delta T^{\,lg} \right|}{K_E} \; . \tag{5.17}$$

Mit (5.6) ergibt sich die Molmasse des gelösten Stoffes:

$$M_{GS} = \frac{m_{GS}}{b_{GS}\, m_{LSM}} = \frac{m_{GS}\, K_E}{\left| \Delta T^{\ lg} \right|\, m_{LSM}} \, . \tag{5.18}$$

Ebullioskopische Konstanten

Aus [1] wurden folgende ebullioskopische Konstanten entnommen (Angaben in K·kg/mol):

Wasser	0,514
Ameisensäure (Methansäure)	2,4
Benzol (Benzen)	2,64
Pyridin	2,69
Cyclohexan	2,75
Essigsäure (Ethansäure)	3,07
Dioxan	3,13
Phenol	3,60
Chloroform (Trichlormethan)	3,80
Tetrachlormethan	4,88

Anwendungen. Die Ebullioskopie ist wie die Kryoskopie eine unspezifische Methode zur Bestimmung der Gesamtkonzentration aller in Lösung vorhandenen Stoffe. Sie wird auf den gleichen Gebieten angewandt wie die Kryoskopie; welcher Methode der Vorzug gegeben wird, hängt einerseits von den Stoffeigenschaften ab, z. B. Zersetzbarkeit oder extreme Umwandlungstemperaturen, andererseits von den apparativen Voraussetzungen, z. B. Vorhandensein spezieller Apparaturen mit hochpräziser Temperaturmessung.

Ein weiterer Aspekt besteht in der Empfindlichkeit für Konzentrationsbestimmungen: Die ebullioskopischen Konstanten sind niedriger als die kryoskopischen, so dass also die Ebullioskopie bei gleicher Konzentration zu niedrigeren Temperaturdifferenzen führt als die Kryoskopie und somit unempfindlicher ist.

5.4 Bestimmung des osmotischen Drucks

Prinzip. Theoretisch ist es möglich, mit Hilfe des Raoultschen Gesetzes (5.4) den Stoffmengenanteil eines gelösten Stoffes aus dem Dampfdruck des Lösungsmittels sowie der Dampfdruckerniedrigung zu ermitteln. Viel größer als diese Dampfdruckerniedrigung, z. B. um den Faktor Hundert bis Tausend, und somit besser nutzbar, ist jedoch die Druckdifferenz, die zwischen Lösung und reinem Lösungsmittel an einer semipermeablen Membran auftritt und deren Betrag als *osmotischer Druck* π bezeichnet wird.

Wird der osmotische Druck als Höhenunterschied in zwei Steigrohren sichtbar gemacht, so kann er leicht ermittelt werden als Produkt von Höhenunterschied und spezifischem Gewicht der Lösung (Abb. 5.2).

Der Druckunterschied entsteht an geeigneten Membranen dadurch, dass die Lösungsmittelmoleküle die Membran in beide Richtungen passieren können, während der gelöste Stoff nicht durch die Membran hindurchtreten kann.

Zunächst werden auf Grund der verschiedenen Lösungsmittelkonzentrationen mehr Moleküle vom reinen Lösungsmittel in die Lösung hineinwandern als umgekehrt. Dadurch steigt das Flüssigkeitsniveau der Lösung an und der hydrostatische Druck steigt. Deshalb wandern schließlich irgendwann praktisch gleich viele Moleküle in beide Richtungen. Ein *Gleichgewichtszustand* hat sich eingestellt, bei dem die gegenüber dem reinen Lösungsmittel herabgesetzte Lösungsmittelkonzentration in der Lösung durch einen höheren hydrostatischen Druck ausgeglichen wird.

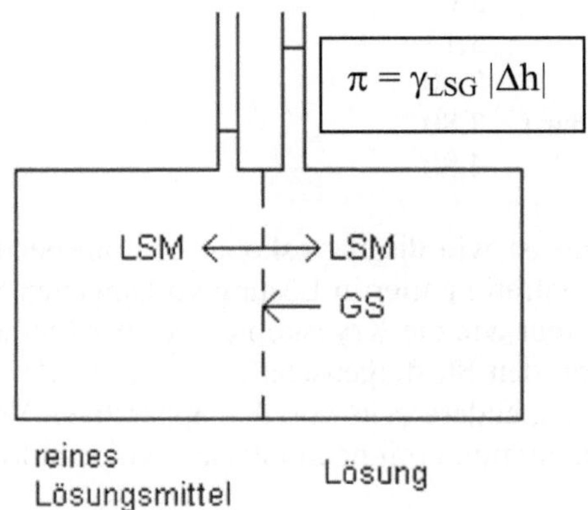

Abb. 5.2: Osmotischer Druck

Dieser Sachverhalt lässt sich erklären, indem man *das chemische Potential des Lösungsmittels* betrachtet. In der Lösung ergibt sich dessen Wert aus folgender Beziehung, die analog zur Nernst-Gleichung gebildet wird [2]:

$$\mu_{LSG} = \mu^{0}{}_{LSG} + RT \ln x_{LSM}\,. \tag{5.19}$$

x_{LSM} ist hier der Stoffmengenanteil des Lösungsmittels in der Lösung, der gerade dann statt der Aktivität a eingesetzt werden kann, wenn er von Eins nicht zu sehr abweicht, also bei verdünnten Lösungen. $\mu^{0}{}_{LSG}$ ist das chemische Standardpotential des Lösungsmittels in der Lösung.

Im reinen Lösungsmittel sind chemisches Potential und chemisches Standardpotential identisch:

$$\mu_{LSM} = \mu^0{}_{LSM} \ . \tag{5.20}$$

Im eingangs erwähnten Gleichgewicht sind die chemischen Potentiale des reinen Lösungsmittels sowie des Lösungsmittels in der Lösung gleich:

$$\mu_{LSM} = \mu_{LSG} \ , \tag{5.21}$$

$$\mu^0{}_{LSM} = \mu^0{}_{LSG} + RT \ln x_{LSM} \ . \tag{5.22}$$

Daraus folgt für die Differenz der chemischen Standardpotentiale in Abhängigkeit vom Stoffmengenanteil des Lösungsmittels in der Lösung:

$$\mu^0{}_{LSM} - \mu^0{}_{LSG} = RT \ln x_{LSM} \ . \tag{5.23}$$

Diese Differenz lässt sich auch mit Hilfe der auftretenden Druckdifferenz beschreiben, indem man die Druckabhängigkeit des chemischen Standardpotentials, formuliert als partielle Ableitung bei angenommener Temperaturkonstanz, über dem Druck integriert, wobei die beiden hydrostatischen Drucke als Integralgrenzen dienen:

$$\mu^0{}_{LSM} - \mu^0{}_{LSG} = \int_{pLSG}^{pLSM} \left(\frac{\partial \mu^0}{\partial p} \right)_T dp \ . \tag{5.24}$$

Die betreffende partielle Ableitung ist gleich dem Molvolumen des Lösungsmittels:

$$\left(\frac{\partial \mu^0}{\partial p} \right)_T = V_{M,LSM} \ . \tag{5.25}$$

Einsetzen und Integrieren ergeben

$$\mu^0{}_{LSM} - \mu^0{}_{LSG} = \int_{pLSG}^{pLSM} V_{M,LSM} \ dp = (p_{LSM} - p_{LSG}) \, V_{M,LSM} \ . \tag{5.26}$$

Es wird hier angemerkt, dass das Molvolumen eines flüssigen Lösungsmittels nur geringfügig vom Druck abhängt und somit bei der Integration als konstanter Faktor zu behandeln ist.

Die in (5.26) enthaltene Druckdifferenz ist negativ, da der hydrostatische Druck in der Lösung höher ist als im reinen Lösungsmittel. Setzt man den osmotischen Druck π als Betrag dieser Druckdifferenz ein, so kommt also ein negatives Vorzeichen hinzu und es gilt:

$$\mu^0{}_{LSM} - \mu^0{}_{LSG} = -\pi\, V_{M,LSM}\,. \tag{5.27}$$

Aus (5.23) und (5.27) ergibt sich durch Gleichsetzen

$$\pi V_{M,LSM} = -RT \ln x_{LSM}\,. \tag{5.28}$$

Für den Fall eines einzelnen gelösten Stoffes GS gilt

$$\pi V_{M,LSM} = -RT \ln(1 - x_{GS})\,. \tag{5.29}$$

Für $x_{GS} \ll 1$ gilt als mathematische Näherungsformel:

$$\ln(1 - x_{GS}) \approx -x_{GS}\,. \tag{5.30}$$

Weiterhin folgt:

$$\pi V_{M,LSM} = RTx_{GS}\,, \tag{5.31}$$

$$\pi \frac{V_{LSM}}{n_{LSM}} = RT \frac{n_{GS}}{n_{LSM} + n_{GS}}\,. \tag{5.32}$$

Für verdünnte Lösungen kann die Stoffmenge des gelösten Stoffes als Summand vernachlässigt werden. Erweitert man daraufhin mit der Stoffmenge des Lösungsmittels und löst schließlich nach dem osmotischen Druck auf, so ergibt sich eine einfache Beziehung für die Abhängigkeit des osmotischen Drucks von der Konzentration des gelösten Stoffes:

$$\pi \frac{V_{LSM}}{n_{LSM}} = RT \frac{n_{GS}}{n_{LSM}}\,, \tag{5.33}$$

$$\pi V_{LSM} = RT\, n_{GS}\,, \tag{5.34}$$

$$\pi = c_{GS}\, RT\,. \tag{5.35}$$

(5.35) wird als das *Van't Hoffsche Gesetz* bezeichnet. Dieses Gesetz gilt auch bei Vorhandensein mehrerer gelöster Stoffe, wobei c_{GS} dann allerdings die Summe der Konzentrationen dieser Stoffe bedeutet.

Die Umformung für die Konzentrationsbestimmung ergibt freilich:

$$c_{GS} = \frac{\pi}{RT} \, . \tag{5.36}$$

Über die Konzentration kann durch Heranziehen der Massenkonzentration β_{GS} auf die Molmasse geschlossen werden:

$$c_{GS} = \frac{n_{GS}}{V_{LSM}} = \frac{m_{GS}}{M_{GS}\, V_{LSM}} = \frac{\beta_{GS}}{M_{GS}} \, . \tag{5.37}$$

Durch Einsetzen in (5.35) und weiteres Umformen ergibt sich

$$\pi = \frac{\beta_{GS}\, RT}{M_{GS}} \, , \tag{5.38}$$

$$M_{GS} = \frac{\beta_{GS}\, RT}{\pi} \, . \tag{5.39}$$

Da diese Beziehung nur für sehr verdünnte Lösungen gilt, bestimmt man den osmotischen Druck bei verschiedenen Massenkonzentrationen und ermittelt dann rechnerisch oder graphisch den Grenzwert für beliebig kleine Massenkonzentrationen:

$$M_{GS} = RT \lim_{\beta_{GS} \to 0} \frac{\beta_{GS}}{\pi} \, . \tag{5.40}$$

Anwendungen. Die Bestimmung des osmotischen Drucks wird in ähnlichen Fällen eingesetzt wie Ebullioskopie und Kryoskopie. Es müssen jedoch Membranen zur Verfügung stehen, die insofern geeignet sind, als sie zwar das Lösungsmittel, nicht jedoch den gelösten Stoff hindurchlassen. Wie oben bereits ausgeführt, ist die Bestimmung des osmotischen Drucks empfindlicher als die Bestimmung der Dampfdruckerniedrigung. Daher ist sie auch empfindlicher als Ebullioskopie und Kryoskopie. Häufige Anwendung ist die Bestimmung molarer Massen, z. B. von Polymeren, wobei die Auswertung unter Verwendung von (5.39) erfolgt.

Spezialfall Elektrolyten

Elektrolyten werden spätestens beim Lösevorgang in Kationen und Anionen gespalten. Diese auf Leitfähigkeitsmessungen beruhende Aussage findet sich sinngemäß in der *Theorie der elektrolytischen Dissoziation* von Arrhenius. Bei Veröffentlichung der Theorie erschien sie zwar als extrem unwahrscheinlich, konnte jedoch bald von Van't Hoff durch Messung der kolligativen Eigenschaften, z. B. des osmotischen Drucks, bestätigt werden.

Der osmotische Druck von Elektrolytlösungen folgt nur dann dem Van't Hoffschen Gesetz, wenn ein Korrekturfaktor eingesetzt wird, der Van't Hoffsche Faktor i:

$$\pi = i\, c_{GS}\, RT\,.$$

$$(5.41)$$

c_{GS} ist hier die Stoffmengenkonzentration einer Formeleinheit des gelösten Elektrolyts, der Faktor i ist die Gesamtzahl der aus einer Formeleinheit hervorgehenden Ionen. Dass der Faktor i nicht immer ganzzahlig ist, liegt daran, dass auch die elektrolytische Dissoziation wie andere chemische Vorgänge einem Gleichgewichtszustand entgegenstrebt und somit nicht unbedingt vollständig abläuft.

6 Tabellen

Nachfolgend sind einige thermodynamische Daten für Reaktionen in wässriger Lösung aufgeführt. Wenn nicht anders angegeben, gelten die Werte bei 25 °C.

Tab. 6.1: Löslichkeitsprodukte K_L für Niederschläge der Summenformel A_iB_k

Niederschlag	K_L in $(mol/l)^{i+k}$	Literatur	Niederschlag	K_L in $(mol/l)^{i+k}$	Literatur
AgBr	$5 \cdot 10^{-13}$	[1]	$Co(OH)_2$	$2,5 \cdot 10^{-16}$	[2]
Ag_2CO_3	$8,2 \cdot 10^{-12}$	[2]	$Co(OH)_3$	$3 \cdot 10^{-41}$	[1]
AgCl	$2 \cdot 10^{-10}$	[1]	CoS	$5 \cdot 10^{-22}$	[2]
Ag_2CrO_4	$1,9 \cdot 10^{-12}$	[2]			
AgI	$8 \cdot 10^{-17}$	[1]	$Cr(OH)_3$	$1 \cdot 10^{-30}$	[1]
AgOH	$2,0 \cdot 10^{-8}$	[2]	CuBr	$5 \cdot 10^{-9}$	[1]
Ag_3PO_4	$1,8 \cdot 10^{-18}$	[2]	CuCl	$2 \cdot 10^{-7}$	[1]
Ag_2S	$5,5 \cdot 10^{-51}$	[2]	CuI	$1 \cdot 10^{-12}$	[1]
AgSCN	$1 \cdot 10^{-12}$	[1]	$Cu(OH)_2$	$1 \cdot 10^{-20}$	[1]
Ag_2SO_4	$1,2 \cdot 10^{-5}$	[2]	CuS	$8 \cdot 10^{-37}$	[2]
$Al(OH)_3$	$1 \cdot 10^{-33}$	[1]	CuSCN	$1 \cdot 10^{-14}$	[1]
$BaCO_3$	$1,6 \cdot 10^{-9}$	[2]	$Fe(OH)_2$	$1,8 \cdot 10^{-15}$	[2]
$BaCrO_4$	$8,5 \cdot 10^{-11}$	[2]	$Fe(OH)_3$	$4 \cdot 10^{-40}$	[1]
$BaSO_4$	$1,5 \cdot 10^{-9}$	[2]	FeS	$4 \cdot 10^{-19}$	[2]
$CaCO_3$	$4,7 \cdot 10^{-9}$	[2]	Hg_2Br_2	$1,3 \cdot 10^{-22}$	[2]
CaC_2O_4	$2 \cdot 10^{-9}$	[1]	Hg_2Cl_2	$1,1 \cdot 10^{-18}$	[2]
CaF_2	$3,9 \cdot 10^{-11}$	[2]	Hg_2I_2	$4,5 \cdot 10^{-29}$	[2]
$Ca(OH)_2$	$1,3 \cdot 10^{-6}$	[2]	$Hg_2(OH)_2$	$2 \cdot 10^{-24}$	[1]
$CaSO_4$	$2,4 \cdot 10^{-5}$	[2]	$Hg(OH)_2$	$4 \cdot 10^{-26}$	[1]
$Cd(OH)_2$	$2,0 \cdot 10^{-14}$	[2]	HgS	$1 \cdot 10^{-52}$	[1]
CdS	$1,0 \cdot 10^{-28}$	[2]	(schwarz)		

Niederschlag	K_L in $(\text{mol/l})^{i+k}$	Literatur
HgS (rot)	$4 \cdot 10^{-53}$	[1]
Hg_2SO_4	$7 \cdot 10^{-7}$	[1]
$MgCO_3$	$1 \cdot 10^{-5}$	[1]
$Mg(OH)_2$	$8,9 \cdot 10^{-12}$	[2]
$Mn(OH)_2$	$2 \cdot 10^{-13}$	[1]
MnS	$7 \cdot 10^{-16}$	[2]
$Ni(OH)_2$	$6 \cdot 10^{-18}$	[1]
NiS	$3 \cdot 10^{-21}$	[2]
$PbBr_2$	$4,6 \cdot 10^{-6}$	[2]
$PbCO_3$	$1,5 \cdot 10^{-15}$	[2]
$PbCl_2$	$1,6 \cdot 10^{-5}$	[2]

Niederschlag	K_L in $(\text{mol/l})^{i+k}$	Literatur
$PbCrO_4$	$1,8 \cdot 10^{-14}$	[3]
PbI_2	$8,3 \cdot 10^{-9}$	[2]
$Pb(OH)_2$	$6 \cdot 10^{-16}$	[1]
PbS	$7 \cdot 10^{-29}$	[2]
$PbSO_4$	$1,3 \cdot 10^{-8}$	[2]
SnS	$1 \cdot 10^{-26}$	[2]
$SrCO_3$	$7 \cdot 10^{-10}$	[2]
$SrCrO_4$	$3,6 \cdot 10^{-5}$	[2]
$SrSO_4$	$7,6 \cdot 10^{-7}$	[2]
$Zn(OH)_2$	$3 \cdot 10^{-17}$	[1]
ZnS	$1,1 \cdot 10^{-24}$	[3]

Tab. 6.2: Komplexbildungskonstanten als lg K_F jeweils für die gesamte Komplexbildung

Komplex	lg K_F	Literatur
$[Ag(NH_3)_2]^+$	7	[1]
$[Ag(S_2O_3)_2]^{3-}$	13	[1]
$[AlF_6]^{3-}$	20	[1]
$[Al(OH)]^{2+}$	9,1	[4]
$[Al(OH)_4]^-$	33,9	[4]
$[Cd(CN)_4]^{2-}$	18	[1]
$[Cd(NH_3)_4]^{2+}$	7	[1]
$[Co(NH_3)_6]^{2+}$	5	[1]
$[Co(NH_3)_6]^{3+}$	34	[1]
$[Co(OH)]^{2+}$	12	[2]
$[Cr(OH)]^{2+}$	10	[2]
$[Cr(OH)_4]^-$	29,9	[5]
$[Cu(NH_3)]^{2+}$	4,3	[1]

Komplex	lg K_F	Literatur
$[Cu(NH_3)_2]^{2+}$	7,8	[1]
$[Cu(NH_3)_3]^{2+}$	10,8	[1]
$[Cu(NH_3)_4]^{2+}$	13	[1]
$[Cu(OH)]^+$	7	[2]
$[Cu(OH)_4]^{2-}$	16,1	[6]
$[Fe(CN)_6]^{4-}$	37	[1]
$[Fe(CN)_6]^{3-}$	44	[1]
$[Fe(OH)]^{2+}$	11	[2]
$[Fe(o\text{-phen})_3]^{2+}$	21	[1]
$[Fe(o\text{-phen})_3]^{3+}$	14	[1]
$[Fe(SCN)]^{2+}$	3	[1]
$[Mn(OH)]^+$	4,5	[2]
$[Ni(CN)_4]^{2-}$	31	[1]
$[Ni(NH_3)_6]^{2+}$	8	[1]

Komplex	$\lg K_F$	Literatur
$[Ni(OH)]^+$	5	[2]
$[Pb(OH)_3]^-$	13,9	[2]

Komplex	$\lg K_F$	Literatur
$[Zn(CN)_4]^{2-}$	20	[1]
$[Zn(NH_3)_4]^{2+}$	9	[1]
$[Zn(OH)]^+$	5	[2]
$[Zn(OH)_4]^{2-}$	14,7	[2]

Tab. 6.3: Säureexponenten pK_S für die erste Dissoziationsstufe

Säure	pK_S	Literatur
$HClO_4$	-10	[7]
HI	-10	[7]
HBr	-9	[7]
HCl	-6	[7]
H_2SO_4	-3	[7]
H_3O^+	-1,74	berechnet (Kap. 3.4)
HNO_3	-1,32	[7]
H_2SO_3 ($SO_2 + H_2O$)	1,90	[1]
HSO_4^-	1,92	[8]
H_3PO_4	2,12	[8]
$[Fe(H_2O)_6]^{3+}$	3,1	[7]
HNO_2	3,37	[8] / 12,5 °C
HF	3,45	[8]
HCOOH	3,75	[8] / 20 °C
CH_3COOH	4,75	[8]
NH_3OH^+	6,03	[8] / 20 °C: pK_B (NH_2OH) = 7,97
H_2CO_3 ($CO_2 + H_2O$)	6,37	[8]
HSO_3^-	7,20	[1]
H_2S	7,02	[1]
$H_2PO_4^-$	7,21	[8]

Säure	pK_S	Literatur
$N_2H_5^+$	8,23	[8] / 20 °C: pK_B (N_2H_4) = 5,77
H_3BO_3	9,14	[8] / 20 °C
NH_4^+	9,25	[8]: pK_B (NH_3) = 4,75
HCN	9,31	[8]
HCO_3^-	10,25	[8]
H_2O_2	11,62	[8]
HS^-	12,98	[1]
HPO_4^{2-}	12,67	[8] / 18 °C
$H_2BO_3^-$	12,74	[8] / 20 °C
HBO_3^{2-}	13,80	[8] / 20 °C
H_2O	15,74	berechnet (Kap. 3.4)
NH_3	23	[7]
OH^-	24	[7]

Tab. 6.4: Standardpotentiale $E°$ – saure Lösungen [2]

Reaktion	$E°$ in Volt	Reaktion	$E°$ in Volt
$Li \rightleftharpoons Li^+ + e^-$	-3,05	$2\,I^- \rightleftharpoons I_2 + 2\,e^-$	+0,54
$K \rightleftharpoons K^+ + e^-$	-2,92	$MnO_4^{2-} \rightleftharpoons MnO_4^- + e^-$	+0,56
$Ba \rightleftharpoons Ba^{2+} + 2\,e^-$	-2,90	$H_2O_2 + 2\,H_2O$	+0,68
$Ca \rightleftharpoons Ca^{2+} + 2\,e^-$	-2,76	$\rightleftharpoons O_2 + 2\,H_3O^+ + 2\,e^-$	
$Na \rightleftharpoons Na^+ + e^-$	-2,71	$Fe^{2+} \rightleftharpoons Fe^{3+} + e^-$	+0,77
		$2\,Hg \rightleftharpoons Hg_2^{2+} + 2\,e^-$	+0,80
$La \rightleftharpoons La^{3+} + 3\,e^-$	-2,37	$Ag \rightleftharpoons Ag^+ + e^-$	+0,80
$Mg \rightleftharpoons Mg^{2+} + 2\,e^-$	-2,37	$Hg_2^{2+} \rightleftharpoons 2\,Hg^{2+} + 2\,e^-$	+0,90
$2\,H^- \rightleftharpoons H_2 + 2\,e^-$	-2,23	$NO + 6\,H_2O$	+0,96
$Al \rightleftharpoons Al^{3+} + 3\,e^-$	-1,66	$\rightleftharpoons NO_3^- + 4\,H_3O^+ + 3\,e^-$	
$Mn \rightleftharpoons Mn^{2+} + 2\,e^-$	-1,03	$Au + 4\,Cl^- \rightleftharpoons [AuCl_4]^- + 3\,e^-$	+0,99
		$2\,Br^- \rightleftharpoons Br_2 + 2\,e^-$	+1,06
$Zn \rightleftharpoons Zn^{2+} + 2\,e^-$	-0,76	$Mn^{2+} + 6\,H_2O$	+1,21
$Fe \rightleftharpoons Fe^{2+} + 2\,e^-$	-0,41	$\rightleftharpoons MnO_2 + 4\,H_3O^+ + 2\,e^-$	
$Cr^{2+} \rightleftharpoons Cr^{3+} + e^-$	-0,41	$6\,H_2O \rightleftharpoons O_2 + 4\,H_3O^+ + 4\,e^-$	+1,23
$Cd \rightleftharpoons Cd^{2+} + 2\,e^-$	-0,40	$2\,Cr^{3+} + 21\,H_2O$	+1,33
$Pb + SO_4^{2-} \rightleftharpoons PbSO_4 + 2\,e^-$	-0,36	$\rightleftharpoons Cr_2O_7^{2-} + 14\,H_3O^+ + 6\,e^-$	
		$2\,Cl^- \rightleftharpoons Cl_2 + 2\,e^-$	+1,36
$Ni \rightleftharpoons Ni^{2+} + 2\,e^-$	-0,23	$Pb^{2+} + 6\,H_2O$	+1,46
$Sn \rightleftharpoons Sn^{2+} + 2\,e^-$	-0,14	$\rightleftharpoons PbO_2 + 4\,H_3O^+ + 2\,e^-$	
$Pb \rightleftharpoons Pb^{2+} + 2\,e^-$	-0,13	$Mn^{2+} + 12\,H_2O$	+1,49
$H_2 \rightleftharpoons 2\,H^+ + 2\,e^-$	±0,00	$\rightleftharpoons MnO_4^- + 8\,H_3O^+ + 5\,e^-$	
$Cu^+ \rightleftharpoons Cu^{2+} + e^-$	+0,16	$MnO_2 + 6\,H_2O$	+1,68
		$\rightleftharpoons MnO_4^- + 4\,H_3O^+ + 3\,e^-$	
$SO_2 + 6\,H_2O$	+0,20	$PbSO_4 + 6\,H_2O \rightleftharpoons PbO_2$ $+ 4\,H_3O^+ + SO_4^{2-} + 2\,e^-$	+1,69
$\rightleftharpoons SO_4^{2-} + 4\,H_3O^+ + 2\,e^-$		$4\,H_2O \rightleftharpoons H_2O_2 + 2\,H_3O^+$ $+ 2\,e^-$	+1,78
$Ag + Cl^- \rightleftharpoons AgCl + e^-$	+0,22	$Ag^+ \rightleftharpoons Ag^{2+} + e^-$	+1,99
$2\,Hg + 2\,Cl^- \rightleftharpoons Hg_2Cl_2 + 2\,e^-$	+0,27	$2\,F^- \rightleftharpoons F_2 + 2\,e^-$	+2,87
$Cu \rightleftharpoons Cu^{2+} + 2\,e^-$	+0,34		
$Cu \rightleftharpoons Cu^+ + e^-$	+0,52		

Tab. 6.5: Standardpotentiale $E°$ - basische Lösungen [2]

Reaktion	$E°$ in Volt
$Ca + 2\ OH^- \rightleftharpoons Ca(OH)_2 + 2\ e^-$	-3,02
$Mg + 2\ OH^- \rightleftharpoons Mg(OH)_2 + 2\ e^-$	-2,67
$Mn + 2\ OH^- \rightleftharpoons Mn(OH)_2 + 2\ e^-$	-1,47
$Zn + 4\ OH^- \rightleftharpoons [Zn(OH)_4]^{2-} + 2\ e^-$	-1,22
$Zn + 4\ NH_3 \rightleftharpoons [Zn(NH_3)_4]^{2+} + 2\ e^-$	-1,03
$SO_3^{2-} + 2\ OH^- \rightleftharpoons SO_4^{2-} + H_2O + 2\ e^-$	-0,92
$Cd + 2\ OH^- \rightleftharpoons Cd(OH)_2 + 2\ e^-$	-0,81
$Fe(OH)_2 + OH^- \rightleftharpoons Fe(OH)_3 + e^-$	-0,56
$Pb + 3\ OH^- \rightleftharpoons [Pb(OH)_3]^- + 2\ e^-$	-0,54
$S^{2-} \rightleftharpoons S + 2\ e^-$	-0,51
$Hg + 4\ CN^- \rightleftharpoons [Hg(CN)_4]^{2-} + 2\ e^-$	-0,37

Reaktion	$E°$ in Volt
$Ag + 2\ CN^- \rightleftharpoons [Ag(CN)_2]^- + e^-$	-0,31
$Cu + 2\ NH_3 \rightleftharpoons [Cu(NH_3)_2]^+ + e^-$	-0,12
$HO_2^- + OH^- \rightleftharpoons O_2 + H_2O + 2\ e^-$	-0,08
$Mn(OH)_2 + 2\ OH^- \rightleftharpoons MnO_2 + 2\ H_2O + 2\ e^-$	-0,05
$Hg + 2\ OH^- \rightleftharpoons HgO + H_2O + 2\ e^-$	+0,10
$[Co(NH_3)_6]^{2+} \rightleftharpoons [Co(NH_3)_6]^{3+} + e^-$	+0,10
$4\ OH^- \rightleftharpoons O_2 + 2\ H_2O + 4\ e^-$	+0,40
$MnO_2 + 4\ OH^- \rightleftharpoons MnO_4^- + 2\ H_2O + 3\ e^-$	+0,59
$3\ OH^- \rightleftharpoons HO_2^- + H_2O + 2\ e^-$	+0,87

7 Naturkonstanten

Die hier aufgeführten Naturkonstanten [1] reichen für die in diesem Buch behandelten Sachverhalte aus.

e	Elektronenladung (Elementarladung)	$1{,}6021 \cdot 10^{-19}$ C
F	Faraday-Konstante	$96{,}487 \cdot 10^{3}$ C/mol
k	Boltzmann-Konstante	$1{,}38062 \cdot 10^{-23}$ J/K
N_L	Loschmidt-Konstante	$6{,}022169 \cdot 10^{23}$ mol^{-1}
R	universelle Gaskonstante	$8{,}3143$ J $\cdot$ mol$^{-1} \cdot$ K^{-1}

Beim Rechnen mit der Nernst-Gleichung kann es vorkommen, dass Joule und Coulomb gegeneinander gekürzt werden sollen. Es gilt hierbei:

$$1 \text{ J} = 1 \text{ Ws} = 1 \text{ VAs} = 1 \text{ VC} .$$

8   Symbole

A	cm^2	Diffusionsfläche
A	cm^2	Elektrodenfläche
A	diverse	Stoßfaktor
a	mol/l	Aktivität, aktive Konzentration
α	---	Dissoziationsgrad
b	mol/kg	Molalität
b	s	Signalbreite bei der Chromatographie
β	---	Protonierungsgrad
β	g/l	Massenkonzentration
β_S	g/l	Sättigungskonzentration als Massenkonzentration
ΔC_p	$J \cdot mol^{-1} \cdot K^{-1}$	Änderung der molaren spezifischen Wärmen bei einer Reaktion
c	mol/l	Konzentration, Stoffmengenkonzentration
c_0	mol/l	Ausgangskonzentration
c_S	mol/l	Sättigungskonzentration als Stoffmengenkonzentration
D	cm^2/s	Diffusionskoeffizient
E	J	Energie
E	V	Elektrodenpotential
E	V	Nernst-Potential
$E°$	V	Standardpotential
$E_{1/2}$	V	Halbstufenpotential
E_A	kJ/mol	molare Aktivierungsenergie
E_A	V	Anodenpotential
E_K	V	Kathodenpotential
e	C	Elektronenladung (Elementarladung)
e	---	Basis natürlicher Logarithmen
η	V	Überspannung
F	C/mol	Faraday-Konstante
F	---	Anteil einer Spezies an einer Gesamtstoffmenge
F_K	---	Auflösungsfaktor für die Kapazität (Chromatographie)
F_S	---	Auflösungsfaktor für die Selektivität (Chromatographie)
F_T	---	Auflösungsfaktor für die Trennstufenzahl (Chromatographie)

f	---	Aktivitätskoeffizient
G	S	elektrischer Leitwert
ΔG	kJ/mol	molare freie Reaktionsenthalpie
$\Delta G°$	kJ/mol	molare freie Standardreaktionsenthalpie
γ	N/m^3	spezifisches Gewicht
ΔH	kJ/mol	molare Reaktionsenthalpie
$\Delta H°$	kJ/mol	molare Standardreaktionsenthalpie
ΔH^{lg}	kJ/mol	molare Verdampfungsenthalpie
ΔH^{sl}	kJ/mol	molare Schmelzenthalpie
Δh	m	Höhendifferenz
I	A	Stromstärke
I_D	A	Diffusionsgrenzstrom
i	---	Van´t Hoffscher Faktor
i	---	Zahl der Kationen in der Formeleinheit eines Salzes
K	diverse	Gleichgewichtskonstante, bezogen auf Konzentrationen
K_A	Pa^{-1}	Adsorptionskoeffizient
K_B	mol/l	Basekonstante
K_D	diverse	Komplexzerfallskonstante
K_E	K · kg · mol^{-1}	ebullioskopische Konstante
K_F	diverse	Komplexbildungskonstante
$K_{F\,1\text{-}x}$	diverse	Komplexbildungskonstante für die gesamte Komplexbildung mit x Koordinationsstellen
K_{Fx}	(mol/l)$^{-1}$	Komplexbildungskonstante für den x. Komplexierungsschritt
K_H	mol · l^{-1} · Pa^{-1}	Konstante aus dem Henry-Gesetz
K_K	---	Kapazitätsfaktor
K_K	K · kg · mol^{-1}	kryoskopische Konstante
K_L	diverse	Löslichkeitsprodukt
K_M	mol/l	Michaelis-Konstante
K_N	---	Nernstscher Verteilungskoeffizient
K_n	---	Stoffmengenverhältnis im Verteilungsgleichgewicht
K_p	diverse	Gleichgewichtskonstante, bezogen auf Drucke
K_S	mol/l	Säurekonstante
K_V	---	Volumenverhältnis im Verteilungsgleichgewicht
K_W	(mol/l)^2	Ionenprodukt des Wassers
K_x	---	Gleichgewichtskonstante, bezogen auf Stoffmengenanteile
k	---	Zahl der Anionen in der Formeleinheit eines Salzes
k	J/K	Boltzmann-Konstante
k_A	diverse	Geschwindigkeitskonstante für die Adsorption
k_D	diverse	Geschwindigkeitskonstante für die Desorption
k_x	diverse	Geschwindigkeitskonstante für eine Reaktion x. Ordnung

κ S/cm   spezifische Leitfähigkeit einer Lösung

L mol/l   Löslichkeit eines Salzes
l cm   Elektrodenabstand
λ $S \cdot cm^2 \cdot mol^{-1}$ Äquivalentleitfähigkeit
λ° $S \cdot cm^2 \cdot mol^{-1}$ Äquivalentleitfähigkeit bei unendlicher Verdünnung

M g/mol   Molmasse, molare Masse
m kg   Masse
m mg/s   Massenstrom bei der Polarographie
μ mol/l   Ionenstärke
μ kJ/mol   molares chemisches Potential
μ° kJ/mol   molares chemisches Standardpotential

N_L mol^{-1} Loschmidt-Konstante
N_T ---   Trennstufenzahl, Bödenzahl
N_x ---   Teilchenzahl im Energieniveau x
n mol   Stoffmenge

p Pa   Druck
p_i Pa   Partialdruck des Stoffes i
p_{LSG} Pa   Dampfdruck des Lösungsmittels in einer Lösung
p_{LSM} Pa   Dampfdruck des reinen Lösungsmittels
Δp Pa   absolute Dampfdruckerniedrigung
p_x ---   höchstmögliche Zahl der Teilchen im Energieniveau x, statistisches Gewicht des Energieniveaus x
π Pa   osmotischer Druck

Q C   elektrische Ladung

R Ω elektrischer Widerstand
R $J \cdot mol^{-1} \cdot K^{-1}$ universelle Gaskonstante
R ---   Auflösung bei der Chromatographie
ρ g/ml   Dichte

S ---   Selektivität
S $J \cdot mol^{-1} \cdot K^{-1}$ molare Entropie
ΔS $J \cdot mol^{-1} \cdot K^{-1}$ molare Reaktionsentropie
S° $J \cdot mol^{-1} \cdot K^{-1}$ molare Standardentropie
ΔS° $J \cdot mol^{-1} \cdot K^{-1}$ molare Standardreaktionsentropie

T K   Temperatur, Kelvin-Temperatur
ΔT^{lg} K   Siedepunktserhöhung
ΔT^{sl} K   Gefrierpunktserniedrigung, Schmelzpunktserniedrigung

t	s	Zeit
t_0	s	Totzeit
t_B	s	Bruttoretentionszeit
t_N	s	Nettoretentionszeit
τ	---	Titrationsgrad
U	V	elektrische Spannung
U_R	V	Spannung auf Grund eines Ohmschen Widerstandes
U_Z	V	Zersetzungsspannung
ΔU	kJ/mol	molare Reaktionsenergie
V	ml	Volumen
V_M	ml	Molvolumen, molares Volumen
v	$mol \cdot l^{-1} \cdot s^{-1}$	Reaktionsgeschwindigkeit
x	---	Zahl der Liganden
x	---	Stoffmengenanteil
x_i	---	Stoffmengenanteil des Stoffes i
ξ	---	reziproker Anteil von nicht umgesetzter Spezies an einer Gesamtstoffmenge
y	diverse	Gasportion bei der Adsorption
y	---	in eine andere Phase übergegangener Stoffmengenanteil
z	---	Verhältnis stöchiometrischer Koeffizienten
z	---	Ionenladungszahl
z	---	Zahl der Extraktionsschritte
z	---	Zahl der bei einer Redoxreaktion übergehenden Elektronen

9 Literatur

Kapitel 1

[1]   Atkins, P. W., Paula, J.: Physikalische Chemie. Weinheim: Wiley-VCH 2006

[2]   Atkins, P. W., Trapp, C. A., Cady, M. P., Giunta, C.: Arbeitsbuch Physikalische Chemie. Weinheim: Wiley-VCH 2007

[3]   Barrow, G. M.: Physikalische Chemie. Braunschweig: Friedr. Vieweg & Sohn Verlag 1984

[4]   Brdicka, R.: Grundlagen der physikalischen Chemie. Weinheim: Wiley-VCH 1992

[5]   Doerffel, K., Geyer, R. et al.: Analytikum. Weinheim: Wiley-VCH 1994

[6]   Falbe, J., Regitz, M. (Hrsg.): Römpp Chemie Lexikon. Stuttgart: Thieme Verlag 1989-1992

[7]   Fritz, J. S., Schenk, G. H.: Quantitative analytische Chemie. Braunschweig: Friedr. Vieweg & Sohn Verlag 1989

[8]   Geckeler, K., Eckstein, H.: Analytische und präparative Labormethoden. Braunschweig: Friedr. Vieweg & Sohn Verlag 1987

[9]   Harder, B.: Einführung in die Physikalische Chemie. Magdeburg: Westarp Wissenschaften 1990

[10]   Jander, G., Blasius, E.: Lehrbuch der analytischen und präparativen anorganischen Chemie. Stuttgart: S. Hirzel Verlag 2006

[11]   Jander, G., Blasius, E.: Einführung in das anorganisch-chemische Praktikum. Stuttgart: S. Hirzel Verlag 2005

[12]   Jander, G., Jahr, K. F.; Schulze, G., Simon, J. (Bearb.): Maßanalyse. Berlin: Walter de Gruyter 2009

[13]   Kunze, U. R., Schwedt, G.: Grundlagen der quantitativen Analyse. Weinheim: Wiley-VCH 2009

[14]   Latscha, H. P., Klein, H. A.: Chemie-Basiswissen III, Analytische Chemie. Berlin: Springer-Verlag 1995

[15]   Moore, W. J., Hummel, D. O.: Physikalische Chemie. Berlin: Walter de Gruyter 1986

[16]   Näser, K.-H., Regen, O., Lempe, D.: Physikalische Chemie für Techniker und Ingenieure. Leipzig: Deutscher Verlag für Grundstoffindustrie 1990

[17]   Otto, M.: Analytische Chemie. Weinheim: Verlag Chemie 2000

[18]   Czeslik, C., Seemann, H., Winter, R.: Basiswissen Physikalische Chemie. Wiesbaden: Vieweg+Teubner 2010

[19]   Bechmann, W., Schmidt, J.: Einstieg in die Physikalische Chemie für Nebenfächler. Wiesbaden, Vieweg+Teubner 2010

[20]   Schwedt, G., Vogt, C.: Analytische Trennmethoden. Weinheim: Wiley-VCH 2010

[21]   Schwedt, G.: Analytische Chemie. Weinheim: Wiley-VCH 2008

Kapitel 2

[1]   Weisz, H., Angew. Chem. 88, 177 (1976)

[2]   Falbe, J., Regitz, M. (Hrsg.): Römpp Chemie Lexikon. Stuttgart: Thieme Verlag 1995

[3]   Wilson, A. M., Anal. Chem. 38, 1784 (1966)

[4]   Svehla, G., Analyst 94, 513 (1969)

[5]   Bognar, J., Mikrochim. Acta 1963, 397

[6]   Weisz, H., Muschelknautz, U., Anal. Chem. 215, 17 (1966)

[7]   Malmstadt, H. V., Pardue, H. L., Anal. Chem. 33, 1040 (1961)

[8]   Townshend, A., Process Biochem. 1973 (März)

[9]   Guibault, G. G.: Enzymatic Methods of Analysis. Oxford: Pergamon Press 1970

[10]   Mealor, D. et al., Talanta 15, 1477 (1968)

[11]   Jander, G., Blasius, E.; Strähle, J., Schweda, E. (Bearb.): Einführung in das anorganisch-chemische Praktikum. Stuttgart: S. Hirzel Verlag 2005

[12]   Deutsche Norm DIN 38 409 (DEV) , Teil 41 (CSB). Berlin: Beuth-Verlag 1980

[13]   Kirk-Othmer, Encyclopedia of Chemical Technology. New York: Interscience 1963-1972, hier: Band 10, Seiten 46 f.

Kapitel 3

[1]   Sontheimer, H., Spindler, P., Rohmann, U.: Wasserchemie für Ingenieure. Karlsruhe: DVGW-Forschungsstelle am Engler-Bunte-Institut der Universität Karlsruhe (TH) 1980

[2]   Aylward, G. H., Findlay, T. J. V.; Ebel, H. F., Wörth, R. (Bearb.): Datensammlung Chemie. Weinheim: Verlag Chemie 1981

[3]   D'Ans, J., Lax, E.; Synowietz, C. (Bearb.): Taschenbuch für Chemiker und Physiker. Berlin: Springer-Verlag 1967

[4]   Dickerson, R. E., Gray, H. B., Haight, G. P. Jr.; Sichting, H.-W. (Übers./Bearb.): Prinzipien der Chemie. Berlin: Walter de Gruyter 1978

[5]   Kunze, U. R.: Grundlagen der quantitativen Analyse. Stuttgart: Thieme Verlag 1990

[6]   Wünsch, G.: Optische Analysenmethoden zur Bestimmung anorganischer Stoffe (Sammlung Göschen). Berlin: Walter de Gruyter 1976

[7]   Demuth, R., Kober, F.: Grundlagen der Komplexchemie. Frankfurt/Main: Otto Salle Verlag 1992

[8]   Hollemann, A. F., Wiberg, E.: Lehrbuch der Anorganischen Chemie. Berlin: Walter de Gruyter 2007

[9]   Jander, G., Jahr, K. F.; Schulze, G., Simon, J. (Bearb.): Maßanalyse. Berlin: Walter de Gruyter 2009

[10]   Falbe, J., Regitz, M. (Hrsg.): Römpp Chemie Lexikon. Stuttgart: Thieme Verlag 1989-1992

[11]   Doerffel, K., Geyer, R. et al.: Analytikum. Weinheim: Wiley-VCH 1994

[12]   Barrow, G. M.: Physikalische Chemie. Braunschweig: Friedr. Vieweg & Sohn Verlag 1984

Kapitel 4

[1]   Jander, G., Blasius, E.: Einführung in das anorganisch-chemische Praktikum. Stuttgart: S. Hirzel Verlag 2005

[2]   Falbe, J., Regitz, M. (Hrsg.): Römpp Chemie Lexikon. Stuttgart: Thieme Verlag 1989-1992

[3]   Henze, G., Neeb, R.: Elektrochemische Analytik. Berlin: Springer-Verlag 1986

[4]   Holze, R.: Leitfaden der Elektrochemie. Stuttgart: B. G. Teubner 1998

[5]   Doerffel, K., Geyer, R. et al.: Analytikum. Weinheim: Wiley-VCH 1994

[6]   Jander, G., Jahr, K. F.; Schulze, G., Simon, J. (Bearb.): Maßanalyse. Berlin: Walter de Gruyter 2009

Kapitel 5

[1]   Näser, K.-H., Regen, O., Lempe, D.: Physikalische Chemie für Techniker und Ingenieure. Leipzig: Deutscher Verlag für Grundstoffindustrie 1990

[2]   Barrow, G. M.: Physikalische Chemie. Braunschweig: Friedr. Vieweg & Sohn Verlag 1984

[3]   Geckeler, K., Eckstein, H.: Analytische und präparative Labormethoden. Braunschweig: Friedr. Vieweg & Sohn Verlag 1987

Kapitel 6

[1]   Aylward, G. H., Findlay, T. J. V.; Ebel, H. F., Wörth, R. (Bearb.): Datensammlung Chemie. Weinheim: Verlag Chemie 1981

[2]   Dickerson, R. E., Gray, H. B., Haight, G. P. Jr.; Sichting, H.-W. (Übers./Bearb.): Prinzipien der Chemie. Berlin: Walter de Gruyter 1978

[3]   Hollemann, A. F., Wiberg, E.: Lehrbuch der Anorganischen Chemie. Berlin: Walter de Gruyter 2007

[4]   Mortimer, C. E.; Müller, U. (Übers./Bearb.): Chemie – Das Basiswissen der Chemie. Stuttgart: Thieme Verlag 1987

[5]   Brown, T. L., Le May, H. E.; Elvers, B., Wriede, U. (Übers./Bearb.): Chemie – Ein Lehrbuch für alle Naturwissenschaftler. Weinheim: Verlag Chemie 1988

[6]   Moeller, T., Bailar, J. C. Jr., Kleinberg, J., Guss, C. O., Castellion, M. E., Metz, C.: Chemistry – With Inorganic Qualitative Analysis. San Diego: Harcourt Brace Jovanovich 1989

[7]   Jander, G., Jahr, K. F.; Schulze, G., Simon, J. (Bearb.): Maßanalyse. Berlin: Walter de Gruyter 2009

[8]   Weast, R. C. (Hrsg.): Handbook of Chemistry and Physics. Cleveland: CRC Press 1975

Kapitel 7

[1]   Dickerson, R. E., Gray, H. B., Haight, G. P. Jr.; Sichting, H.-W. (Übers./Bearb.): Prinzipien der Chemie. Berlin: Walter de Gruyter 1978

10 Register

Fettgedruckte Seitenzahlen zeigen die wesentlichen Textstellen auf; eingeklammerte Seitenzahlen weisen auf eine lediglich sinngemäße Erwähnung des betreffenden Gegenstandes oder Sachverhaltes hin.

Aus dem Programm Chemie

Claus Czeslik / Heiko Seemann / Roland Winter,
Basiswissen Physikalische Chemie
3., überarb. u. erw. Aufl. 2009. XVI, 372 S. mit 159 Abb. u. 30 Tab.
(Studienbücher Chemie, hrsg. von Elschenbroich, Christoph / Hensel,
Friedrich / Hopf, Henning) Br. EUR 39,90
ISBN 978-3-8351-0253-8

Aggregatzustände - Thermodynamik - Aufbau der Materie - Statistische Thermodynamik - Oberflächenerscheinungen - Elektrochemie - Reaktionskinetik - Molekülspektroskopie

Das Basiswissen der Physikalischen Chemie wird in klarer und kompakter Weise dargestellt. Angesichts des Umfangs traditioneller Lehrbücher der Physikalischen Chemie soll der hier dargebotene Stoff das Lernen für Prüfungen und Klausuren erleichtern. Ziel des Buches ist es, für die fortgeschrittene und spezielle Ausbildung in diesem Fach ein tragfähiges - mathematisch fundiertes - Fundament zu legen. Neben der makroskopischen, phänomenologischen Beschreibungsweise kommt der molekularen theoretischen Deutung der Begriffe und Gesetzmäßigkeiten eine zentrale Rolle zu. Wichtige Aspekte der quantenmechanischen Darstellung molekularer Eigenschaften werden ebenfalls besprochen.
In der 3. Auflage wurden kleinere Verbesserungen und Ergänzungen vorgenommen.

VIEWEG+ TEUBNER

Abraham-Lincoln-Straße 46
65189 Wiesbaden
Fax 0611.7878-400
www.viewegteubner.de

Stand Juli 2010.
Änderungen vorbehalten.
Erhältlich im Buchhandel oder im Verlag.